아이의 생각을 열어 주는 초등 인문학

아이의
생각을 열어 주는
초등 인문학

정홍 지음

midnight
자정 책방 bookstore

인문학 놀이터로
여러분을 초대합니다

"어떻게 하면 우리 아이가 자연스럽게 인문학과 친해질 수 있을까요?"

이런 질문을 종종 받곤 합니다.

인문학이란 글자 그대로 '사람의 이야기'입니다. 그래서 인문학과 친해진다는 건, 사람들이 느끼고 생각하고 살아가는 이야기를 더 많이 알고 싶어 한다는 뜻이 되겠죠. 이렇게 보면 아이들은 이미 어른보다 훨씬 더 인문학과 친해질 준비가 되어 있습니다. 언제나 물어볼 준비가 되어 있고, 들을 준비도 되어 있으니까요. 부모가 할 일은 아이와 함께 좋은 대화를 만들어가는 것입니다.

좋은 대화는 우선 '눈높이를 맞추는 대화'입니다. 진짜로 아이의 눈높이에 맞게 몸을 낮추는 게 좋겠죠. 아이가 올려다보지 않도록 함께 엎드리거나 눕거나 앉아서 이야기를 나눠보세요. 그렇게 눈높이가 동등해지면 일방적으로 아이를 가르치려는 조급함도 약간 줄어들게 됩니다. 가르치거나 답을 찾는 대화보다는 아이와 함께 더 많은 질문, 더 엉뚱하고 재미있는 질문을 찾는 대화가 좋습니다.

좋은 대화는 '재미를 창조하는 대화'입니다. 주변을 보면 재미있는 이야기도 평범하게 말하는 사람이 있고, 평범한 이야기도 재미있게 말하는 사람이 있죠. 어릴 때부터 색다른 시선과 자유로운 상상력이 몸에 밴 사람들일수록 재미있게 말합니다. 그래서 가능하면 한 편의 이야기 속에 좀 더 오래 머물렀으면 합니다. 상상하는 대로 그림도 그려보고, 마음에 드는 구절을 베껴보기도 하면서 이야기라는 놀이터를 마음껏 누려보기를 권합니다.

아이에게 '자존감을 심어주는 대화'가 좋은 대화입니다. 자기 느낌과 자기 생각에 온전히 감탄해주는 대화 상대가 있다면 아이의 기분이 어떨까요? 아이는 더 많이 느끼고, 더 많이 생각해보려고 하겠죠. 스스로 느끼고 생각하는 것 자체가 존중받는 일이니까요. 그리고 점점 다른 사람의 느낌과 생각도 궁금해하지 않을까요? 아이는 그렇게 인문학과 친해집니다. 그래서 인문학과 친해진다는 건, 다른 사람을 존중하면서 스스로 존중받게 되는 '마음의 여정'이라고도 할 수 있겠습니다.

이 책에 실린 이야기들이 조금이나마 그 여정에 도움이 되기를 바라는 마음입니다. 자, 그럼 온갖 이야기와 대화가 재잘대는 인문학 놀이터로 여러분을 초대합니다. 어서 들어오세요.

정홍

아이 혼자서도 장난감처럼 오래 가지고 놀 수 있는 책입니다. 짤막한 이야기들과 생각할 거리, 이야기 나눌 거리를 하나하나 모았습니다. 잘 알려진 이야기도 담았고, 덜 알려진 이야기도 담았습니다. 그런 이야기들을 좀 더 읽기 쉽게 다듬어 봤습니다.

한 편의 이야기를 읽는다는 것은, 아이의 머리와 가슴에 생각씨앗 하나를 심는 일입니다. 씨앗을 심었으면 물도 주고 햇빛도 쐬어줘야 싹이 트겠죠. 그게 대화인 것 같습니다. 한 편의 이야기를 가지고 대화를 나눈다는 것은, 생각의 싹을 틔우는 일입니다. 이 책은 크게 3단계로 구성되어 있습니다.

1단계 읽기

우화, 민담, 탈무드, 신화 등 다양한 교훈을 담은 이야기에서 생각씨앗 찾기

• 초등학생이 집중해서 읽을 수 있는 시간과 양을 고려해 구성했고,
  어려울 수 있는 철학적인 주제도 쉽고 재미있게 꾸몄습니다.
• 5~7세 미취학 아동에게는 베드타임 스토리로 활용할 수 있습니다.

2단계 말하기

이야기를 읽고 부모와 아이가 함께 의견 나누기
• 아이는 감수성과 상상력을 기를 수 있습니다.
• 부모는 아이의 생각과 마음을 읽을 수 있습니다.

3단계 쓰기

하루 10분 글쓰기로 생각하는 습관 기르기
• 표현력과 논리력을 키울 수 있습니다.
• 독후활동, 논술 및 구술을 대비하는 데 도움이 됩니다.

아는 것과 모르는 것의 차이는 무엇일까?

눈에 보이는 게 다일까?

지식은 왜 필요할까?

생각은 얼마나 힘이 셀까?

사람은 언제 가장 어리석어질까?

우리는 왜 무서워할까?

소원은 어떻게 이루어질까?

현실과 상상의 차이는 무엇일까?

꿈과 욕망의 차이는 무엇일까?

1장

배움의 힘을 아는 아이는
공부가 재미있다

" 아는 것과 모르는 것의
차이는 무엇일까? "

동굴의 비밀

어느 마을 뒷산에 동굴이 하나 있었어.

"저 동굴 안에 뭐가 있을까?"

다들 너무 궁금한 거야. 하지만 무서워서 들어갈 수가 있어야지.

동굴 속에 무시무시한 괴물이 살고 있을지도 모르잖아.

그러던 어느 날 한 약초꾼이 나타났어.

"나는 약초를 찾으러 온 세상 안 가본 데가 없소. 저 동굴 안에는 틀림없이 귀한 약초가 있을 거요!"

그러면서 저벅저벅 동굴 안으로 들어갔단다.

마을 사람들은 동굴 앞에 앉아 약초꾼이 다시 나타나기를 기다렸지.

하지만 아무리 기다려도 안 나오잖아.

"아무래도 동굴에 사는 괴물한테 잡아먹혔나 봐. 어떡하지?"

그때 아주 건장한 사냥꾼이 나타났어.

"여러분, 나는 평생 사나운 동물들과 싸워 이긴 사냥꾼입니다. 저 동굴 안에 틀림없이 괴물이 있을 겁니다. 하지만 난 조금도 두렵지 않아요."

그는 괴물을 무찌르고 약초꾼도 구해오겠다며 성큼성큼 동굴로 들어 갔단다. 사람들은 사냥꾼이 금방 나올 줄 알았어. 하지만 암만 기다려도 나와야 말이지.

"아이고, 사냥꾼마저 괴물한테 잡아먹혔나 봐. 이제 어떡하지?"

그런데 그때 한 구부정한 노인이 나타났어.

노인은 허리에 기다란 줄을 묶고는 말없이 동굴로 향했단다.

"이봐요, 저 동굴 안에 뭐가 있는지 아세요?"

사람들이 묻자 노인은 고개를 절레절레 흔들었어.

"나는 아무것도 모릅니다."

그리고는 곧장 동굴 속으로 살금살금 들어가는 거야.

사람들은 별로 기대하지 않는 눈치였어. 젊은 약초꾼도, 노련한 사냥 꾼도 못 나왔는데 어떻게 노인 혼자서 살아 돌아올까 하고 말이야.

잠시 후 다들 깜짝 놀라고 말았어. 노인이 동굴 밖으로 버젓이 걸어 나왔거든. 약초꾼이랑 사냥꾼까지 모두 데리고 말이야.

"동굴이 미로처럼 복잡하더군요."

"그런데 어떻게 길을 찾았죠?"

노인은 허리에 칭칭 감은 줄을 보여주며 말했어.

"이 줄을 따라 나왔답니다."

사람들이 손뼉을 치며 노인에게 다가왔어.

"어르신, 동굴에 대해서 정말 잘 알고 계시네요?"

그러자 노인은 고개를 저으며 이렇게 대답했단다.

"나는 동굴에 대해서 아는 게 하나도 없어요. 하지만 한 가지는 분명히 알고 있죠."

"그게 뭡니까, 어르신?"

"나는 내가 동굴에 대해서 잘 모른다는 것을 알고 있답니다."

노인의 말에 약초꾼도, 사냥꾼도 고개를 들지 못했단다.

생각씨앗 찾기

- 약초꾼과 사냥꾼은 동굴에 대해서 잘 알지도 못하면서 왜 아는 척했을까?
- 노인은 어떻게 약초꾼과 사냥꾼을 구해올 수 있었을까?
- 동굴 속에는 무엇이 있었을까?

· 이렇게 대화해보세요 ·

처음엔 부모와 아이가 각자 역할을 맡아 읽고, 다음엔 역할을 바꾸어 아이가 부모의
대사를 읽게 합니다. 상대방 입장에서 묻고 답하는 동안 아이는 자연스럽게 질문하는
재미를 느껴볼 수 있을 것입니다.

아이 잘 모르겠어.

아빠 그래? 정말 잘됐다.

아이 잘 모르는데 왜 잘됐다고 해?

아빠 이제 알 수 있게 됐잖아. 약초꾼이 무슨 뜻인지 궁금하니?

아이 응, 당연하지. 약초꾼이 무슨 뜻이야?

아빠 약초꾼은 산에서 약초를 캐는 사람이야. 깊은 산에는 우리 몸에 좋
　　　은 약초가 아주 많이 숨어 있거든. 이제 약초꾼이 뭔지 알겠지?

아이 응, 산에서 약초를 캐는 사람이야.

아빠 아빠는 이렇게 몰랐던 하나씩 알게 될 때마다 너무 기뻐. 그래서
　　　모르는 게 생기면 신이 난단다.

아이 모르는데 신이 나?

아빠 응, 모른다는 건 새로운 걸 알게 되는 출발점이거든.

아이 무슨 말인지 모르겠어.

아빠 너 좀 전에 약초꾼이 무슨 뜻인지 모른다고 했지?

아이 응.

아빠 그래서 궁금해했고, 아빠한테 물어서 알게 됐잖아.

아이 응, 이제 알아.

아빠 거봐. 몰랐기 때문에 궁금했고, 그래서 이젠 알게 된 거야. 새로운 지식이 하나 더 늘었잖아.

아이 아, 이제 알겠어. 뭔가를 알려면 우선 내가 뭘 모르는지 알아야 하는 거네?

아빠 맞아, 맞아! 넌 정말 총명하구나! 이야기에 나오는 노인 같아.

아이 그럼 노인도 이제 동굴에 대해서 잘 알게 되겠네? 노인이 그랬잖아. 동굴에 대해서 자기가 잘 모른다는 걸 알고 있다고.

아빠 빙고, 빙고! 너 이제 보니까 꼭 철학자 같다.

아이 그럼 약초꾼이랑 사냥꾼은 완전 반대네?

아빠 그렇지! 그런데 어떻게 반대일까?

아이 동굴에 대해서 잘 모르면서 안다고 했잖아.

아빠 맞아. 약초꾼이랑 사냥꾼은 자기가 동굴에 대해서 모른다는 사실을 몰랐던 거야.

아이 그런데도 왜 아는 척했어?

아빠 아마 자기가 모른다는 사실을 부끄러워했던 게 아닐까? 모른다는 사실을 부끄러워하는 사람들은 의외로 많단다. 하지만 부끄러워하면 할수록 지식은 늘지 않아.

아이 모른다는 걸 알아야만 새로운 지식을 배울 수 있으니까?

아빠 그렇지, 바로 그거야!

아이 나는 모르는 게 많아. 하지만 안 부끄러워. 조금씩 다 알게 될 테니까.

아빠 역시 넌 멋져!

- "나는 내가 동굴에 대해서 잘 모른다는 것을 알고 있답니다."라는 노인의 말은 무슨 뜻일까?
- 모른다고 말하는 것이 창피할까, 모르면서 아는 척하는 것이 창피할까?
- 아는 게 많아지려면 어떻게 해야 할까?

인문학 대화법 Tip

'몰라'의 힘을 배우는 대화

어른들 세계에서는 모르면서 아는 척하는 경우가 많습니다. 모른다는 사실을 부끄럽게 여기기 때문이죠. 무지에 대한 수치심은 어쩌면 어릴 때부터 형성된 것일지도 모릅니다. "모르겠어요."라는 말에 "그것도 몰라?"라는 반응을 몇 차례 겪다 보면 자기도 모르게 '모른다는 것은 곧 부끄러운 것'이 되고 맙니다.

아이가 '몰라'라고 말할 때마다 반대로 '어머, 그래? 잘됐구나. 지금부터 알아볼까?'라고 반응해보세요. '몰라'가 새로운 지식을 만나는 출발점이라는 사실을 알려주는 거죠. 그리고 이제부터 재미있는 시간이 펼쳐질 거라며 배움에 대한 설렘을 심어주는 겁니다. 사실 부모와 아이의 대화는 서로가 몰랐던 것들을 발견하는 시간이기도 합니다. 부모 역시 모르는 게 많죠. 아이에게 가르쳐주기 위해서라도 부모는 몰랐거나 어설프게 알았던 것들을 새로이 배우게 됩니다.

"엄마도 지금 알았어. 몰랐던 걸 알게 돼서 너무 기뻐."

이렇게 말하면 아이 역시 몰랐던 것을 알아가는 기쁨에 눈뜨지 않을까요?

아이의 생각정원 가꾸기

❶ 모르면서 안다고 말한 적이 있나요? 있다면 왜 그랬나요?

✎ _____

_____

❷ 잘 몰랐다가 나중에 배워서 알게 된 것들이 있나요? 세 가지만 적어보세요.

✎ _____

_____

❸ 가장 친한 친구가 누군가요? 그 친구에 대해서 무엇을 알고, 무엇을 모르나
요? 아는 것과 모르는 것을 각각 세 가지만 적어보세요.

✎ _____

_____

"눈에 보이는 게 다일까?"

📖

잡힐 듯 말 듯 진주목걸이

커다란 연못가에 나무 한 그루가 있었어. 먼 길 가는 나그네들이 여기서 목도 축이고 그늘 밑에서 낮잠도 자고 그래. 나그네들에겐 정말 고마운 쉼터야.

해가 쨍쨍 내리쬐는 어느 여름날, 젊은 나그네가 이곳을 지나게 됐어. 나그네는 연못을 보자마자 첨벙 뛰어들었단다. 그리고는 벌컥벌컥 물을 들이켰어. 아예 웃통을 벗어 재끼고 땀도 씻어냈지. 그러다가 문득 연못 바닥을 보게 된 거야.

"어, 저게 뭐야? 진주목걸이잖아?"

연못 바닥에 진주목걸이가 가라앉아 있지 뭐야. 나그네는 냉큼 손을 뻗어 진주목걸이를 확 움켜쥐었어.

"잡았다! 진주목걸이를 주웠어!"

하지만 웬걸? 손바닥에는 아무것도 없었어.

"어? 뭐지? 너무 꽉 쥐는 바람에 진주가 부서졌나?"

나그네는 다시 물이 맑아지기를 기다렸어. 흙탕물이 가라앉으면서 진주목걸이가 다시 모습을 드러냈단다.

"옳지, 저기 있구나!"

나그네는 또 손을 길게 뻗어 진주목걸이를 움켜쥐었어. 하지만 이번에도 손바닥 위에는 아무것도 없었어. 그저 낙엽이랑 모래뿐이야.

"어떻게 된 거야? 눈에 빤히 보이는데 왜 안 잡히지?"

첨벙첨벙, 나그네는 진주목걸이를 잡으려고 온갖 소동을 다 벌였어.

맑고 조용하던 연못이 시끌벅적해졌지 뭐야. 하지만 나그네는 끝내 진주목걸이를 손에 쥐지 못했어.

"아무래도 물의 요정이 나를 갖고 노는 모양이야. 저건 만질 수 없는 요술 목걸이가 틀림없어."

나그네는 연못에서 나와 주섬주섬 옷을 걸쳤어. 그리고는 혼자서 뭐라고 투덜거리며 연못을 떠났단다.

얼마 지나지 않아 두 번째 나그네가 나타났어. 두 번째 나그네는 연못가에 쪼그리고 앉아 두 손으로 물을 살짝 떠 마셨단다. 그러다가 연못 바닥에 떨어져 있는 진주목걸이를 보게 된 거야.

"어, 진주목걸이잖아?"

이제 물에 첨벙 뛰어드는 일만 남았겠지?

하지만 두 번째 나그네는 물에 뛰어드는 대신 진주목걸이를 한참 들여다보기만 했어. 그리고는 천천히 고개를 들어 나뭇가지를 올려봤단다. 나뭇잎 사이로 보일락 말락 진주목걸이가 걸려 있었어.

"살다 보니 이런 행운도 다 있네?"

두 번째 나그네는 미소를 지으며 까치발을 딛고 손을 쭉 뻗었어. 그리고는 진주목걸이를 호주머니에 넣고 환하게 웃으며 연못을 떠났단다.

생각씨앗 찾기

- 첫 번째 나그네는 왜 진주목걸이를 손에 쥐지 못했을까?
- 두 번째 나그네는 어떻게 진주목걸이를 손에 쥐었을까?
- 두 번째 나그네가 첫 번째 나그네와 다른 점은 무엇일까?

• 이렇게 대화해보세요 •

처음엔 부모와 아이가 각자 역할을 맡아 읽고, 다음엔 역할을 바꾸어 아이가 부모의 대사를 읽게 합니다. 상대방 입장에서 묻고 답하는 동안 아이는 자연스럽게 질문하는 재미를 느껴볼 수 있을 것입니다.

엄마 궁금한 게 있어.

아이 뭔데?

엄마 진주목걸이가 왜 나뭇가지에 걸려 있었을까?

아이 누가 걸어놨겠지.

엄마 너 진주목걸이가 얼마나 비싼지 아니? 그 귀한 진주목걸이를 왜 나뭇가지에 걸어뒀을까?

아이 하늘에서 떨어졌을 것 같아.

엄마 그래, 그럴 수도 있겠다. 그런데 진주목걸이가 왜 하늘에서 떨어졌을까?

아이 새가 물고 가다가 떨어뜨렸을 거야.

엄마 그럼 그 새는 어떻게 진주목걸이를 입에 물게 됐지?

아이 부잣집 나무에 앉아 있다가 먹이인 줄 알고 확 물었을 거야.

엄마 그런데 날아가다 보니까 너무 무거워서 떨어뜨렸구나?

아이 응, 그래서 나뭇가지에 툭 걸린 거야.

엄마 그리고 그 진주목걸이를 두 번째 나그네가 가져갔구나. 그 나그네는 참 운도 좋다, 그렇지?

아이 응, 근데 처음으로 발견한 나그네는 운이 별로 없는 것 같아.

엄마 맞아. 운도 없고 생각도 짧은 것 같아.

아이 생각이 짧은 게 뭐야?

엄마 그저 눈에 보이는 대로만 생각하는 게 아닐까 싶어. 암만해도 진주 목걸이가 손에 안 잡히면 생각을 좀 더 해봐야 하잖아. 안 그래?

아이 맞아. 두 번째 나그네는 물속에 뛰어드는 대신 나뭇가지를 쳐다봤어. 그걸 어떻게 알았을까?

엄마 아마 이런 생각을 하지 않았을까? '저 비싼 진주목걸이가 왜 물속에 있을까?' 그러면서 좀 더 자세히 들여다봤잖아. 그리고는 '그래, 어쩌면 물에 비친 모습일 수도 있겠어.'라고 생각하진 않았을까?

아이 아, 그래서 나뭇가지를 올려다봤구나. 두 번째 나그네는 첫 번째 나그네와는 다른 것 같아.

엄마 그렇지? 엄마는 또 궁금한 게 있어.

아이 뭔데?

엄마 첫 번째 나그네는 어떤 사람일까? 또 두 번째 나그네는 어떤 사람이었을까? 둘 다 연못가에 오기 전에 어디서 뭘 하다가 왔을까? 두 나그네는 각자 어디로 갔을까?

아이 아이, 엄마는 참! 한 번에 한 가지씩만 궁금해야지.

엄마 아, 맞다. 미안. 그럼 첫 번째 나그네부터 시작해볼까? 첫 번째 나그네는 어떤 사람이고, 어디로 가는 길이었을까?

아이 음, 잠깐만 상상 좀 해보고.

- 어리석은 사람과 영리한 사람의 차이는 무엇일까?

- 눈에 보이지만 잡을 수 없는 것들은 무엇일까?

- 생각이 깊은 사람이 되려면 어떻게 해야 할까?

인문학 대화법 Tip

이야기가 시작되기 전에 어떤 일이 있었을까?

한 편의 이야기를 읽고 나서 우리는 '그 뒤로 어떻게 됐을까?'라는 질문을 떠올리며 상상을 펼치곤 합니다. 그럼 이번엔 반대로 '이야기가 시작되기 전에 어떤 일이 있었을까?'라는 상상을 해보는 건 어떨까요?

가령 앞의 이야기에서 애초에 진주목걸이가 왜 나뭇가지에 걸려 있었는지를 두고 상상해보는 겁니다. 어쩌면 새가 물고 가다가 떨어뜨렸을 수도 있고, 어떤 귀부인이 실수로 던졌을 수도 있겠죠. 어떤 상상이든 가능합니다. 이처럼 이야기가 '시작되기 전'을 상상하다 보면 자신도 모르게 논리적이고 합리적인 사고를 하게 됩니다. 왜냐하면 뒷이야기가 이미 나와 있어서 그 맥락에 맞게 이야기를 완성해야 하기 때문이죠. 사건이든 인물이든 본 이야기 이전의 사연에 대해 아이와 함께 즐거운 대화를 나눠보세요.

아이의 생각정원 가꾸기

❶ 진주목걸이는 왜 나뭇가지에 걸려 있었을까요? 이야기를 만들어보세요.

❷ '왜?'라는 질문을 품고 생각을 깊이 해본 적이 있나요? 언제 그랬는지 적어
보세요.

❸ 어떤 일을 할 때 무조건 몸부터 움직이는 편인가요, 아니면 생각부터 하는
편인가요?

"지식은 왜 필요할까?"

진정한 재산

커다란 배가 바다를 가로지르고 있었어. 갑판 위에는 한 무리의 상인들이 둘러앉아 잡담을 나누고 있었지. 옷차림만 딱 봐도 대단한 부자들 같아. 다들 자기가 어떤 물건을 팔러 가는지, 재산이 얼마나 많은지 은근히 자랑하는 중이야.

그런데 아까부터 한마디도 하지 않고 그냥 가만히 앉아 있는 사람이 있었어. 한 손에는 책을, 또 한 손에는 낡은 가방을 들고 있었는데 아무리 봐도 이런 자리에 어울릴 것 같지 않단 말이야. 맞아, 그 사람은 부자도, 상인도 아니고 그냥 학자였어.

"당신은 어떤 물건을 팔러 가십니까?"

어떤 부자가 묻자 학자는 수줍은 듯이 이렇게 대답했어.

"저는 모든 사람에게 꼭 필요한 상품을 팔려고 합니다."

"모든 사람에게 꼭 필요한 상품이란 게 뭐요? 그런 상품이라면 우리도 좀 팔아봅시다."

"안타깝지만 그 상품은 지금 여러분께 보여드릴 수가 없군요."

부자들은 궁금해서 죽을 지경이야. 도대체 어떤 상품일까? 얼마나 귀한 상품이기에 보여줄 수 없다는 걸까?

마침 학자가 잠시 자리를 비웠어. 그 틈을 타서 호기심 많은 상인 하나가 학자의 낡은 가방을 열어봤지 뭐야.

뭐가 들었을까? 다들 가방 안을 들여다봤어. 하지만 가방 안에는 아무것도 없었어. 그저 손때 묻은 책 서너 권뿐이야.

"뭐야? 아무것도 없잖아? 쳇, 순 허풍쟁이로군."

부자들은 깔깔 웃으며 다시 자기들끼리 잡담을 나누기 시작했어.

배는 바다를 가로지르며 항해를 계속했어. 하루 이틀 시간이 지나고 어느덧 목적지에 거의 다 왔을 때쯤이야. 갑자기 폭풍이 몰아치고 파도가 거칠게 이는 바람에 배가 그만 부서져 버렸지 뭐야.

다행히 승객들은 구명보트를 타고 무사히 육지에 닿긴 했어. 하지만 상인들이 애지중지하던 재산은 몽땅 물에 잠기고 말았단다.

"아이고, 이제 나는 쫄딱 망했어. 전 재산을 다 잃고 말았어!"

부자들은 울고불고 난리야. 어제까지만 해도 떵떵거리며 재산을 자랑했지만, 이제 빈털터리가 되고 말았잖아.

그런데 학자는 어떻게 됐을까?

학자는 학교에서 학생들을 가르쳤어. 학자의 강의를 들으려고 사방에서 수많은 학생이 몰려왔지. 알고 보니 아주 유명하고 존경받는 학자였던 거야. 그 뒤로도 학자를 따르는 제자들은 점점 많아졌어. 대학에서는 학자를 위해 큰 저택과 하인들까지 마련해줬단다. 하지만 학자는 언제나 검소하게 살았어.

배에서 학자를 허풍쟁이라고 놀렸던 상인들은 그제야 알게 됐지. 모든 사람에게 꼭 필요한 상품이 무엇이었는지, 그리고 왜 보여줄 수 없었는지 말이야. 지식이란 상품은 머릿속에 들어 있어서 보여줄 수가 없잖아.

생각씨앗 찾기

- 부자들은 처음에 학자를 어떻게 대했을까?
- 학자는 왜 자신의 상품을 보여줄 수 없다고 했을까?
- 모든 사람에게 꼭 필요한 상품은 무엇이었을까?

• 이렇게 대화해보세요 •

처음엔 부모와 아이가 각자 역할을 맡아 읽고, 다음엔 역할을 바꾸어 아이가 부모의 대사를 읽게 합니다. 상대방 입장에서 묻고 답하는 동안 아이는 자연스럽게 질문하는 재미를 느껴볼 수 있을 것입니다.

아빠 아빠는 초록색 색연필이야.

아이 난 주황색 색연필.

아빠 넌 어떤 문장에 밑줄 쳤니?

아이 난 여기 '저는 모든 사람에게 꼭 필요한 상품을 팔려고 합니다.'에 밑줄 쳤어.

아빠 그 문장이 맘에 들었니?

아이 응, 모든 사람에게 꼭 필요한 상품인데 보여줄 수가 없다는 게 재미있어. 아빠는?

아빠 아빠는 여기 '가방 안에는 아무것도 없었어. 그저 손때 묻은 책 서너 권뿐이야.' 이 문장에 밑줄을 그었어.

아이 아빠는 그 문장이 왜 좋아?

아빠 그냥 아빠 마음이긴 한데, 책 서너 권만 들고 여행을 떠날 수 있는 사람이 참 부러웠거든.

아이 그게 왜 부러워?

아빠 왠지 자유롭게 느껴지기도 하고, 또 어디서든 책만 있으면 남부러울 것 없이 지낼 수 있는 그 학자가 부러워.

아이 책에 밑줄 그으니까 진짜 내 책 같아.

아빠 맞아, 이건 이제 세상에서 하나밖에 없는 책이야. 그리고 여기 밑줄 친 문장은 너만의 진정한 재산이 될 거야.

아이 학자처럼?

아빠 응, 학자처럼. 절대로 잃어버리지 않을걸?

아이 이렇게 밑줄 친 책이 점점 많아지면 뿌듯할 것 같아.

아빠 그렇게 될 거야.

아이 그런데 부자들은 책을 안 읽어?

아빠 무슨 소리야? 책벌레처럼 책을 좋아하는 부자도 아주 많아. 그리고 책을 읽고 깊이 생각할수록 사업도 잘할 수 있어. 책에서 지식도 쌓고 지혜도 얻을 수 있으니까 말이야.

아이 여기 나오는 부자들은 안 그런 것 같아.

아빠 응, 그냥 물건을 팔 줄만 알지? 자기가 얼마나 부자인지 자랑이나 하고. 그런 부자들은 아빠도 별로야.

아이 부자이면서 아는 것도 많고 지혜도 풍부하면 참 좋을 것 같아.

아빠 얼마든지 그렇게 될 수 있어. 거기다 인품까지 좋으면 더할 나위 없겠지?

아이 또 밑줄 치고 싶은 문장이 있어.

아빠 어떤 문장인데?

아이 여기 '학자는 언제나 검소하게 살았어.' 이 부분.

아빠 아빠도 거기 밑줄 치고 싶었는데. 우리 똑같이 밑줄 쳐볼까?

아이 초록색, 주황색 둘 다?

아빠 응, 아빠랑 너랑 똑같이.

- 이야기에 나오는 부자들은 어떤 사람이고, 학자는 어떤 사람일까?
- 배가 부서지지 않았다면 부자들은 어떻게 살았을까?
- 남들에게 보여줄 수 있는 재산은 무엇이고, 보여줄 수 없는 재산은 무엇일까?

인문학 대화법 Tip

나만의 한 문장을 남기는 대화

색연필 두 자루를 준비하세요. 하나는 부모의 색연필, 하나는 아이의 색연필입니다. 색깔은 달라야겠죠. 한 편의 이야기를 함께 읽고 난 다음, 각자 자기 색연필로 딱 한 문장만 선택해서 밑줄을 그어보세요. 꼭 멋진 문장이나 주제를 드러낸 문장이 아니어도 좋습니다. 마음에 와닿는 문장이면 되겠죠. 그런 다음 부모와 아이가 자기가 밑줄 그은 문장의 이유에 대해 서로서로 말해봅니다.

"내가 왜 이 문장에 밑줄을 그었냐 하면……."

설명할 말이 생각나지 않으면 굳이 하지 않아도 되겠죠. 중요한 것은 한 권의 책을 다시 펼칠 때 각자가 밑줄 그은 문장들만 금방 훑어볼 수 있다는 겁니다. '왜 그때 이 문장에 밑줄을 그었더라?' 이런 생각과 함께 왠지 그 문장이 특별하게 느껴질 수도 있겠죠. 자기만의 한 문장이 점점 많아질수록 아이는 글에 대해, 책에 대해 좀 더 특별한 느낌을 갖게 되지 않을까요?

아이의 생각정원 가꾸기

❶ 나에게, 혹은 우리 가족에게 진정한 재산이란 무엇일까요? 부모님과 대화를
나누며 적어보세요.

---

❷ 내가 가진 것 중에서 남들에게 자랑하고 싶은 것들이 있나요? 생각나는 대
로 적어보세요.

---

❸ 친구들이 각자 뭔가를 자랑할 때 부러움을 느껴본 적이 있나요? 언제 그랬
는지 떠올려보세요. 그리고 지금도 여전히 부러운가요? 아니면 이제 부럽지
않은가요? 부럽지 않다면 왜 그런지 생각해보세요.

생각은 얼마나 힘이 셀까?

📖

늙은 사자의 동굴

어느 숲에 늙은 사자가 살았어. 그런데 요즘 들어 하루하루 살아가기가 점점 힘이 드는 거 있지? 몸은 둔해져서 번번이 먹잇감을 놓치기 일쑤고, 이제 다른 동물들도 자기를 별로 안 무서워하는 것 같거든.

젊을 땐 세상에 무서울 게 하나도 없었지. 이빨도 날카롭고 발톱도 무시무시했거든. 하지만 지금은 다 뭉툭해졌어. 사냥을 나가봤자 실패할 게 뻔하단 말이야.

"아, 배고파. 벌써 며칠을 굶은 거야? 배고파 죽겠네."

사자는 동굴 속에서 쫄쫄 굶기만 했어.

"이러다간 정말 굶어 죽을지도 몰라. 뭔가 좋은 수를 내야만 해."

사자는 한참 궁리하다가 마침내 기막힌 꾀를 떠올렸단다.

다음 날 사자는 사방팔방으로 소문을 냈어. 소문은 순식간에 멀리멀리 퍼져나갔지. 어떤 소문일까?

"이봐, 들었어? 사자가 큰 병에 걸려서 곧 죽게 생겼대."

"뭐라고? 사자가 죽게 생겼다고? 그럼 병문안이라도 가봐야겠네?"

제일 먼저 사자를 찾아간 동물은 얼룩말이야. 얼룩말이 동굴 앞에 도착했더니 안에서 사자의 시름시름 앓는 소리가 들려오잖아.

"쯧쯧, 정말 많이 아픈 모양이네요."

얼룩말은 혀를 차며 동굴 속으로 들어갔어. 하지만 다시는 동굴 밖으로 나오지 못했단다. 왜냐고? 사자한테 잡아먹혔거든.

그래, 맞아. 사자는 이렇게 병문안 오는 동물들을 한 마리씩 잡아먹을 생각이었던 거야. 그래서 일부러 꾀병을 부렸던 거지.

사자는 계속해서 병문안 오는 동물들을 차례차례 잡아먹었어.

"하하, 왜 진작에 이런 생각을 하지 못했을까? 구태여 힘들게 사냥하지 않아도 이렇게 배불리 먹을 수 있는데."

동굴에서 약간 떨어진 곳에 여우가 살고 있었어. 여우도 사자가 아프다는 소문을 들었겠지? 다른 동물들은 다 사자를 보러 가는데 자기만 안 갈 수는 없잖아. 그래서 여우도 사자를 찾아갔단다.

동굴 앞에는 동물 발자국이 꽤 많이 찍혀 있었지. 그만큼 동물들이 많이 찾아왔다는 뜻이야.

"저기요, 사자님! 많이 아프세요?"

여우는 동굴 속으로 들어가기 전에 사자에게 먼저 안부를 물었어. 동굴 안에서 사자 목소리가 들려왔단다.

"아이고, 숨 쉬기도 힘들 만큼 아프구나. 이러다가 금방 죽게 생겼어."

"정말 그렇게 죽을 만큼 아프세요?"

"못 믿겠거든 이리 들어와 보렴. 내 얼굴을 직접 보면 알 거야."

여우는 동굴 쪽으로 좀 더 가까이 다가갔어. 하지만 들어가진 않고 이렇게 말했단다.

"그런데 사자님, 궁금한 게 있어요."

"뭐가 그리 궁금하지?"

"여기 땅바닥을 보니까 동굴 안으로 들어간 발자국은 이렇게 많은데 나온 발자국은 하나도 없네요. 동굴 속으로 들어간 동물들이 도대체 어떻게 밖으로 나왔는지 알려주실 수 있나요?"

사자는 아무 대답도 하지 못했어. 뭐라고 대답해야 여우 녀석이 동굴로 들어올까? 사자가 이런 궁리, 저런 궁리 하는 동안 여우는 벌써 멀리 멀리 달아났단다.

생각씨앗 찾기

- 사자는 왜 자기가 아프다고 소문을 냈을까?
- 사자의 동굴에 들어간 동물들은 어떻게 됐을까?
- 여우는 왜 사자가 있는 동굴에 들어가지 않았을까?

· 이렇게 대화해보세요 ·

처음엔 부모와 아이가 각자 역할을 맡아 읽고, 다음엔 역할을 바꾸어 아이가 부모의 대사를 읽게 합니다. 상대방 입장에서 묻고 답하는 동안 아이는 자연스럽게 질문하는 재미를 느껴볼 수 있을 것입니다.

아빠 좀 이상해.

아이 뭐가?

아빠 동물들이 왜 사자 동굴에 한 마리씩만 들어갔을까?

아이 맞아. 두 마리, 세 마리씩 여럿이 함께 들어가도 되잖아. 그럼 사자가 함부로 잡아먹지 못했을 거야.

아빠 그렇지? 이 이야기에는 동물들이 왜 한 마리씩 들어갔는지 말해주지 않아. 그래서 좀 엉성한 느낌이야.

아이 아빠는 동물들이 왜 그랬던 것 같아?

아빠 음, 우리가 이야기를 좀 더 다듬어볼까? 아빠 생각엔 동물들이 따로따로 흩어져 살기 때문에 모이기가 어려웠던 것 같아. 넌?

아이 사자가 동물들한테 소문낼 때, 여럿이 오면 동굴이 비좁으니까 한 마리씩 따로따로 병문안을 오라고 했을 것 같아.

아빠 와, 제법 그럴듯한데? 좋아, 그럼 아빠가 더 해볼게. 여우는 사자가 왜 한 마리씩 오라고 했을까, 하고 처음부터 의심했을 것 같아.

아이 맞아, 그래서 동굴에 안 들어가고 발자국부터 살펴본 거야.

아빠 남의 말을 무조건 의심하는 것도 좋은 습관은 아니야. 하지만 좀 이상하다 싶을 땐 한 번쯤 더 생각해봐야 하지 않을까?

아이 맞아. 여우는 잘 도망쳤지만, 그 뒤로도 동물들이 사자가 있는 동굴에 들어가지 않았을까?

아빠 아빠가 여우였다면 동물들한테 알려줬을 것 같아. 그 동굴에 들어가면 큰일 난다고.

아이 그럼 동물들이 여우한테 고마워해야겠네?

아빠 그래야겠지? 그리고 또 여우한테 배울 점이 있다는 것도 알았을 거야. 무슨 일이든지 잘 살펴보고 한 번쯤 더 생각해야 한다는 걸. 그러니까 늘 '왜?'라는 질문을 던져봐야 해.

아이 왜?

아빠 '왜?'라는 질문을 던지고 나면 당연하게 여겨졌던 것들도 새롭게 보이거든. 너도 한번 해봐.

아이 음, 왜 여름엔 덥고, 겨울엔 추워?

아빠 좋았어! '왜?'라는 질문을 던지니까 정말 궁금해지지 않니? 그럼 궁금한 것들을 찾아보면 돼. 책에도 적혀 있고, 인터넷에도 나와 있거든. 하지만 궁금해하지 않으면 영영 찾아볼 일이 없을 거야.

아이 왜?

아빠 호기심이 생기지 않으니까.

아이 왜?

아빠 ······.

아이 아빠, 왜?

- 동물들이 동굴에 혼자가 아니라 여럿이 들어갔으면 어떻게 됐을까?
- 여우는 사자의 꾀를 어떻게 알았을까?
- 다른 동물들은 왜 여우처럼 생각하지 못했을까?

인문학 대화법 Tip

이야기의 허점을 발견해보기

어떤 이야기는 고개가 갸웃거려지는 부분도 있습니다. 이 이야기만 해도 '동물들은 왜 사자가 있는 동굴에 한 마리씩만 들어갔을까?'라는 의문이 들지요. 때로는 주제나 교훈에 가려 이야기의 개연성이 약해지는 우화들도 있습니다.

만약 아이가 스스로 이런 허점을 찾아낸다면 진심으로 칭찬해줘야겠죠? 그리고 좀 더 나아가 그 허점을 메우는 대화도 시도해보세요. 가령 동물들이 우르르 한꺼번에 사자가 있는 동굴로 들어가지 않은 까닭을 생각하다 보면 또 다른 이야기가 만들어질 수도 있을 테니까요.

이야기의 허점을 찾아내고, 그 허점을 스스로 채워보는 연습은 아이의 창의력에 큰 도움이 됩니다.

아이의 생각정원 가꾸기

❶ 생각 없이 행동했다가 큰 실수를 한 적이 있나요? 언제 그랬는지 적어보세요.

✏

❷ 어떤 행동을 하기 전에 한 번 더 생각해본 적이 있나요? 언제 그랬는지 적어보세요.

✏

❸ '왜?'라는 질문을 자주 하는 편인가요? 지금 '왜?'라는 단어로 시작하는 질문을 세 가지만 떠올려보세요.

✏

"사람은 언제
가장 어리석어질까?"

황금알을 낳는 암탉

쏙!

닭이 또 알을 낳았나 봐.

그런데 알이 좀 이상해. 꼭 황금처럼 번쩍번쩍 빛이 나.

이건 그냥 알이 아니라 황금알이야, 황금알.

이 닭은 하루에 딱 한 알씩 황금알을 낳아주는 아주 신기한 닭이야.

주인은 암탉을 정성껏 보살폈지. 당연하지 않아? 암탉이 황금알을 낳아주는 덕분에 이제 부자가 될 수 있잖아.

암탉이 황금알을 쏙쏙 낳을 때마다 주인은 생각했어.

'우선 커다란 집부터 장만해야지. 으리으리한 집에 방은 셀 수 없이 많아야 해. 드넓은 정원에 잔디도 깔고 나무도 심어야지. 하인도 여럿

두고, 정원사도 있어야겠지? 이웃들이 얼마나 부러워할까?'

주인은 날마다 황금알을 모으면서 부자가 되는 꿈을 꿨어.

'비단옷을 입고 황금 마차를 타는 거야. 또 매일매일 세상에서 가장 맛있고, 비싼 요리를 먹어야지.'

주인은 하루빨리 부자가 되고 싶어 안달이 났어.

그런데 한 가지 문제가 있었어. 암탉이 황금알을 하루에 딱 한 알씩밖에 안 낳는다는 거야. 주인은 그게 참 불만이야.

'하루에 둘, 셋, 아니 열 개씩 낳으면 얼마나 좋아? 그럼 더 빨리 부자가 될 수 있을 텐데.'

주인은 아침마다 황금알을 만지작거리며 아쉬워했어.

어느 날 주인은 암탉의 배를 바라보다가 문득 이런 생각을 했어.

'가만, 저 녀석 배 속에 황금알이 가득 들어있지 않을까? 그걸 한꺼번에 다 꺼내면 금방 부자가 될 수 있겠지?'

하루아침에 부자가 될 수 있다는 생각에 주인은 가슴이 쿵쿵 뛰었지. 그래서 곧장 암탉을 잡아 배를 갈랐지 뭐야.

"황금알, 황금알을 찾아야 해!"

주인은 배 속을 샅샅이 뒤졌어.

그런데 정말 황금이 가득했을까? 아니야, 아무것도 없었어. 그냥 평범한 닭들과 다를 게 하나도 없었던 거야.

"아아, 어떡해! 내 암탉! 황금알을 낳는 암탉이 죽었어!"

주인은 죽은 암탉을 부둥켜안고 몇 날 며칠을 울었단다.

- 황금알을 낳는 암탉을 무척 아끼던 주인이 왜 암탉의 배를 가르려 했을까?
- 닭이 황금알을 낳을 때마다 주인은 어떤 꿈을 꿨을까?
- 암탉 주인은 그 뒤로 어떻게 살았을까?

처음엔 부모와 아이가 각자 역할을 맡아 읽고, 다음엔 역할을 바꾸어 아이가 부모의
대사를 읽게 합니다. 상대방 입장에서 묻고 답하는 동안 아이는 자연스럽게 질문하는
재미를 느껴볼 수 있을 것입니다.

엄마 엄마는 암탉이 좀 불쌍해.

아이 왜? 주인이 배를 갈라서?

엄마 그것도 그거지만 불쌍한 이유가 또 있어.

아이 그게 뭔데?

엄마 이 암탉은 병아리를 못 낳잖아. 황금알에서 병아리가 나올 순 없을
테니까.

아이 혹시 황금 병아리가 나오지 않을까?

엄마 맞다, 그럴 수도 있겠다! 엄마는 그 생각을 왜 하지 못했을까?

아이 그런데 주인이 황금 병아리를 팔아버리면 어떡하지?

엄마 이야기에 나오는 주인이라면 정말 그럴 수도 있겠다. 벼락부자가
되고 싶어서 암탉 배를 가를 정도니까.

아이 난 그 사람처럼 하진 않을 거야.

엄마 너라면 어떻게 할 것 같니?

아이 음, 만약에 황금 병아리가 태어나면 멋진 우리를 만들어줄 거야. 그
리고 사람들한테 구경시켜줄 거야.

엄마 아, 동물원처럼 입장권을 받고 구경시켜준다고?

아이 응, 황금알을 낳는 암탉도 신기하고, 황금 병아리도 신기하잖아. 그

래서 사람들이 우르르 몰려들 거야.

엄마 너 이제 보니까 커서 사업가가 될 것 같구나.

아이 아니 그게 아니라, 그렇게 하면 암탉도 살고 나도 잘 살잖아.

엄마 하지만 그렇게 해서 부자가 되려면 아주 오래 걸릴걸? 황금알을 내다 팔면 금세 부자가 될 수 있을 텐데?

아이 어차피 부자가 될 건데 왜 그렇게 서둘러야 해?

엄마 어른들은 대부분 그래. 얼른 부자가 돼서 오래오래 부자로 살고 싶어 하거든.

아이 그래서 암탉이 황금알을 하루에 한 알씩 낳는 게 답답했던 거야?

엄마 아마 그랬을 거야.

아이 그런 주인한테 어떻게 황금알을 낳는 암탉이 생겼는지 모르겠어.

엄마 어머, 그 생각은 엄마도 못 해봤어. 그 주인한테 어떻게 그런 귀한 암탉이 생겼을까?

아이 만약에 그 암탉이 좀 더 똑똑하고 착한 주인을 만났더라면 오래오래 살았을지도 몰라. 또 매일매일 황금알을 낳아서 주인을 점점 부자로 만들어줬을 거야.

엄마 그러니까 네 얘기는, 어떤 일이든 성급하게 굴거나 서두르지 않고도 천천히 기다리다 보면 결국은 이룰 수 있다는 뜻이구나?

아이 그런 생각까진 못 해봤지만, 엄마 말이 맞는 것 같아.

엄마 엄마는 네가 이 이야기를 너무너무 잘 이해하고 있는 것 같아. 너라면 황금알을 낳는 암탉의 주인이 될 자격이 있어.

아이 근데 엄마, 이 세상에 그런 암탉이 정말 있을까?

엄마 엄마는 있다고 봐.

아이 정말?

엄마 지금 내 눈앞에 있거든.

아이 그게 무슨 뜻이야? 내가 황금알을 낳는 암탉이라고?

엄마 적어도 엄마한텐 그래. 너는 엄마한테 언제나 황금알처럼 귀한 하
루하루를 선물해주잖아.

- 나에게 황금알을 낳는 암탉이 있으면 어떻게 할까?

- 욕심이 생기면 왜 사람이 변할까?

- 일하지 않아도 돈이 저절로 생긴다면 사람들은 어떻게 살게 될까?

인문학 대화법 Tip

교훈보다 재미를

"이 이야기의 교훈은 뭘까?"

한 편의 이야기를 접할 때 어른들은 반드시 교훈을 찾으려 합니다. 주제나 교훈을 우선시하는 교육 방식에 너무 익숙해졌기 때문이죠. 그래서 아이와 대화를 할 때도 궁극적으로는 교훈을 주입하려는 의도가 숨겨져 있는 경우가 많습니다.

하지만 이런 의도가 느껴지는 순간 아이는 대화의 흥미를 잃어버리기 쉽죠. 공부라는 목적 때문에 대화의 재미가 사라지는 순간입니다. 황금알을 낳는 암탉을 통해 '인간의 욕심과 어리석음'이라는 주제로 토론할 기회는 앞으로도 얼마든지 있답니다. 아직은 그런 어려운 주제나 교훈을 들먹이기보다는 이야기 자체에서 재미 요소를 충분히 끄집어내어 마음껏 즐기면 어떨까요? 교훈과 재미 중에서 우선순위를 꼽자면 재미가 아닐까요?

아이의 생각정원 가꾸기

❶ 욕심이 앞서서 어처구니없이 행동한 적이 있나요? 언제 그랬는지 기억해보세요.

✎ _____

_____

❷ 부자가 되면 어떤 점이 가장 좋을까요? 세 가지만 적어보세요.

✎ _____

_____

❸ 무언가를 이루기 위해 오래 기다려본 적이 있나요? 언제 무엇을 위해 기다렸는지 적어보세요.

✎ _____

_____

"우리는 왜 무서워할까?"

📖

귀신이 사는 숲

어느 마을에 참 아름다운 숲이 있었어. 숲에서 새들이 노래하고 사슴이 뛰놀았지. 마을 사람들은 틈만 나면 아이들 손을 잡고 숲으로 들어갔어. 거기서 열매도 따 먹고 풀밭에 드러누워 낮잠도 자는 거야. 봄부터 가을까지는 늘 그래.

눈보라 몰아치던 어느 겨울밤, 누군가 숲에 나타났어. 한 나그네가 어두컴컴한 숲을 지나가고 있었던 거야. 그때 갑자기 세찬 바람이 불어오는 바람에 모자가 휙 날아가 버렸지 뭐야. 모자는 어둠 속으로 휙 사라졌어.

"어떡하나, 아끼던 모자였는데……."

나그네는 '에이 아까워, 에이 아까워' 하면서 가던 길을 계속 갔어. 춤고 어두워서 모자를 찾을 수 있어야 말이지. 그런데 사라진 모자는 어디로 갔을까?

한 사흘쯤 지났을까? 마을에 사는 나무꾼이 숲으로 들어갔어. 눈보라도 그쳤겠다, 땔감이나 주울까 해서 숲을 찾은 거야. 나무꾼은 부지런히 땔감을 줍기 시작했어. 그런데 나무 꼭대기에 뭔가 이상한 게 휘날리고 있잖아.

"어, 저게 뭐지?"

까만 깃털 같은 게 날개처럼 퍼덕이는 거야. 나무꾼은 소스라치게 놀랐어.

"귀, 귀신이다! 사람 살려!"

땔감이고 뭐고 다 내던지고 막 도망쳤어. 사람 살려, 사람 살려 비명을 지르면서 말이야. 등 뒤로 귀신이 계속 따라오는 것만 같았거든.

"귀신이다, 우리 숲에 귀신이 있어!"

사람들이 금세 우르르 모여들었겠지?

"무슨 소리야? 귀신이라니?"

마을 사람들은 우르르 숲으로 달려갔어. 정말로 귀신이 있는지 확인하려고 말이야. 그런데 마침 먹구름이 잔뜩 끼더니 바람까지 불기 시작했지 뭐야. 숲은 금방 어두워지고 나무들도 춤을 추잖아. 그때 누군가 소리쳤어.

"저길 봐. 저게 뭐지?"

높다란 나뭇가지 사이로 까만 날개가 퍼덕거리는 거야.

"귀신이다, 귀신이야!"

사람들은 뒤도 안 돌아보고 줄행랑을 쳤어. 그때부터 온 마을에 귀신 이야기가 퍼지기 시작했어.

"눈은 빨갛고 이빨은 또 어찌나 뾰족한지 몰라."

"그러게, 그 날카로운 발톱은 또 어떻고?"

"뭐든지 닥치는 대로 잡아먹는다지 아마?"

두 눈으로 똑똑히 귀신을 봤다는 사람들도 점점 늘어갔단다.

겨울이 지나고 봄이 왔어. 숲은 다시 초록색으로 덮였지만 아무도 찾는 사람이 없어. 입구에는 '위험! 귀신이 사는 숲'이라고 적힌 나무 팻말까지 세워져 있었단다. 이젠 이웃 마을에 갈 때도 숲을 피해 아주 멀리 돌아가야 해. 아이들도 숲에 놀러 가자는 말을 안 해. 귀신이 어린애들을 아주 좋아한다고 했거든.

사람들 발길이 뚝 끊긴 뒤부터 숲은 점점 울창해졌어. 노루, 사슴, 토끼도 많아지고 수풀도 어른 키만큼 우거졌지.

그런 어느 날, 누군가 숲으로 성큼성큼 들어갔어. 누굴까? 누가 겁도 없이 숲으로 들어갈까? 바로 나그네야. 지난겨울에 모자를 잃어버린 그 나그네 말이야.

"숲이 참 많이 변했구나."

나그네는 사방을 두리번거리면서 점점 깊은 숲으로 들어갔어.

"아, 저기 있다!"

높다란 나뭇가지에 까만 모자가 걸려 있었던 거야. 아끼던 모자를 되찾아서 얼마나 기쁜지 몰라. 나그네는 모자를 푹 눌러쓰고는 콧노래를 부르며 숲을 떠났단다.

- 평화롭던 숲이 왜 '귀신이 사는 숲'으로 변했을까?

- 네가 이 마을에 살았더라면 어떻게 했을 것 같니?

- 귀신이 사는 숲을 다시 평화로운 숲으로 만들려면 어떻게 해야 할까?

처음엔 부모와 아이가 각자 역할을 맡아 읽고, 다음엔 역할을 바꾸어 아이가 부모의 대사를 읽게 합니다. 상대방 입장에서 묻고 답하는 동안 아이는 자연스럽게 질문하는 재미를 느껴볼 수 있을 것입니다.

엄마 자, 눈을 감고 상상해봐. 넌 지금 아주 깊은 숲에 혼자 들어와 있어. 휘잉~휘잉 바람도 불고 이상한 새소리도 들려. 왠지 <u>으스스한</u> 느낌이야. 그렇게 조심조심 길을 가고 있는데 저 높은 나뭇가지 위에 뭔가 까만 물건이 보이네? 꼭 귀신처럼 보여. 그럼 기분이 어떨 것 같니?

아이 당연히 무섭지.

엄마 엄마도 무서울 것 같아. 그런데 너 귀신 본 적 있니?

아이 아니.

엄마 본 적도 없는데 왜 무서워?

아이 그냥 귀신이니까 무섭지.

엄마 솔직히 엄마도 귀신이 어떻게 생겼는지 몰라. 본 적이 없거든. 아마 정말로 귀신을 본 사람은 아무도 없을 거야.

아이 그림으로는 봤어. 만화책에서도 봤고. 엄청 무섭게 생겼어.

엄마 그것도 전부 상상으로 그렸을걸? 상상으로는 뭐든지 할 수 있잖아.

아이 그럼 진짜 귀신은 없는 거야?

엄마 귀신이 있다고 해도 아마 상상 속에서만 살고 있지 않을까? 무서운 느낌이 들 때는 무서운 상상을 하게 되잖아. 그럴 때 이상한 걸 보면 마치 귀신처럼 느껴질 거야. 넌 어떨 때 제일 무섭니?

아이 밤에 혼자 화장실 갈 때.

엄마 왜 무서운데?

아이 혼자니까. 또 너무 캄캄하니까.

엄마 엄마도 캄캄한 데 혼자 있으면 무서워. 강아지 그림자만 봐도 괴물 같고 그래. 이 이야기에서 맨 처음에 모자를 보고 "귀신이야!" 했던 나무꾼처럼 말이야.

아이 무서울 땐 전부 무섭게 보이나 봐.

엄마 맞아. 무서울 때는 제대로 못 보는 경우가 아주 많은 것 같아.

생각 키우기

- 소문이란 건 믿어야 할까, 믿지 말아야 할까?
- 무서운 느낌이 들 땐 어떻게 해야 할까?
- 모두가 무서워하면 나도 무서워해야 할까?

상상력을 깨우는 질문부터

읽고 대화하고 생각하는 과정은 낯선 것들을 경험하는 시간이기도 합니다. 한 편의 이야기를 통해 아이는 가보지 못한 곳을 여행하고, 아직 접해보지 못한 일들을 경험하기도 합니다. 바로 상상력 덕분이죠.

이야기의 주제나 교훈을 아는 것보다 더 중요한 것은 상상력을 마음껏 발휘해보는 겁니다.

"귀신은 어떻게 생겼을까? 얼마나 무섭기에 사람들이 덜덜 떠는 걸까?"

이렇게 부모와 아이가 함께 상상해보는 시간을 충분히 가져보는 건 어떨까요?

그림을 그려보는 것도 좋겠죠. 나뭇가지에 걸린 모자가 귀신처럼 춤을 추는 장면, 마을 사람들이 놀라서 도망치는 장면들을 생생하게 그려볼수록 아이는 이야기 속에 푹 빠지게 됩니다. "이 이야기에서 넌 뭘 느꼈니?" 이런 식의 성급한 질문은 한참 뒤에 해도 됩니다. 먼저 상상력을 키우는 일이 중요하니까요.

아이의 생각정원 가꾸기

❶ 알고 보면 아무것도 아닌데 괜히 무서워한 적이 있나요? 언제 그랬는지 생각나는 대로 적어보세요.

❷ 아직도 무서워하는 게 있나요? 무엇이 무서운지, 그리고 왜 무서운지 적어보세요.

❸ 나는 하나도 안 무서운데 친구들은 무서워하는 게 있나요? 가족이나 친구들이 뭘 무서워하는지 적어보세요.

"소원은 어떻게
이루어질까?"

신선이 되고 싶었던 나무꾼

어느 날 가난한 나무꾼이 연못가에서 산신령을 만났어.

"신령님, 신선이 되려면 어떻게 해야 할까요?"

"가진 것 하나 없이 동굴에 들어가서 오랫동안 참선을 해야 한다."

"할 수 있어요. 신선이 될 수만 있다면 뭐든지 할 수 있어요."

나무꾼은 단단히 마음먹고 동굴로 들어갔어. 정말 가진 거라곤 달랑 옷 한 벌뿐이야. 벌거벗은 채로 참선을 할 순 없잖아.

처음 며칠 동안 나무꾼은 풀뿌리만 캐 먹으며 부지런히 참선에만 매달렸어. 그러던 어느 날 옷을 말리려고 널어뒀는데 쥐가 와서 막 쏠고 있잖아.

"쥐 때문에 참선을 망칠 순 없지."

나무꾼은 마을로 내려가서 고양이 한 마리를 얻어왔어. 마을 사람들은 동굴에서 참선하고 있는 나무꾼에게 기꺼이 친절을 베풀었단다. 혹시라도 나무꾼이 도인이나 신선이 되면 마을을 잘 보살펴줄 거라고 믿은 거야.

고양이 덕분에 쥐들은 이제 얼씬도 못 하겠지?

그런데 이번엔 고양이가 말썽이야. 밤낮으로 배고프다고 야옹야옹 울어대는 통에 정신을 집중할 수가 없잖아. 어쩔 수 없이 나무꾼은 마을로 내려가서 어렵사리 젖소 한 마리를 얻어왔어. 덕분에 고양이는 매일매일 소젖을 배불리 먹을 수 있었단다.

그런데 이번엔 젖소가 걱정이란 말이야. 젖소는 풀을 먹고 사는데 동굴 주변엔 아무것도 없잖아. 나무꾼은 어쩔 수 없이 땅을 일구어 곡식을 키우기 시작했어. 하지만 농사일이란 게 또 그래. 온종일 땀 흘려 일해야만 겨우겨우 곡식을 거둘 수 있단 말이야.

"어떡하지? 이러다간 참선에 집중할 수가 없겠어."

그런데 하루는 한 아가씨가 나물 캐러 올라왔다가 나무꾼을 보게 됐어. 마침 나무꾼은 동굴 앞에서 아침 햇살을 받으며 눈을 지그시 감고 명상에 잠겨 있었어. 곁에는 고양이 한 마리가 졸고 있고, 저만치 젖소 한 마리가 느긋하게 풀을 뜯고 있잖아. 아가씨는 그 평화로운 풍경에 마음을 온통 빼앗기고 말았어.

"참선하려면 아무래도 집안일을 도와줄 사람이 필요하지 않겠어요?"

사실 아가씨는 이런 산속에서 사는 게 꿈이었대. 하지만 여자 혼자 산에서 살기가 쉽진 않잖아. 그런데 마침 딱 마음에 드는 젊은이를 만나게 된 거야. 아가씨는 날마다 산에 올라와 밭일도 하고, 끼니 때마다 소젖을 짜서 고양이를 먹였어. 그러다가 결국은 나무꾼이랑 함께 살기로 했지 뭐야.

세월이 흘렀어. 나무꾼이 수행했던 동굴 주변도 이젠 몰라보게 달라졌어. 아담한 통나무집 앞에 빨래가 널려 있고, 외양간에는 소 두 마리, 송아지가 세 마리가 꾸벅꾸벅 졸고 있었지. 울타리 안에서는 닭들이 모이를 쪼고 있고, 텃밭에는 과일이며 감자, 고구마, 상추 같은 것들이 자라고 있었어. 그리고 나무꾼의 아내는 어린 두 아이와 함께 꽃밭에서 뛰놀고 있고 말이야. 그런데 나무꾼은 어디 있을까? 아직도 동굴 속에서 도를 닦고 있을까?

아니야. 나무꾼은 평상에 드러누워 쿨쿨 낮잠을 자고 있었어. 방금 밭일을 마치고 와서 밥을 실컷 먹었거든. 배도 부르겠다, 따사로운 햇살에 산들바람까지 솔솔 불어오니까 저절로 눈이 감기잖아. 나무꾼은 드르렁 드르렁 코까지 골면서 잠이 들었어.

그때 하늘에서 산신령이 구름을 타고 내려왔어. 산신령은 태평하게 잠자고 있는 나무꾼을 보며 이렇게 중얼거렸단다.

"거참, 신선이 따로 없네, 신선이 따로 없어."

생각씨앗 찾기

- 마을 사람들은 왜 나무꾼에게 친절을 베풀었을까?
- 동굴에서 참선하던 나무꾼은 어쩌다 농사까지 짓게 됐을까?
- 신선이 되겠다던 나무꾼은 나중에 어떻게 됐을까?

• 이렇게 대화해보세요 •

처음엔 부모와 아이가 각자 역할을 맡아 읽고, 다음엔 역할을 바꾸어 아이가 부모의
대사를 읽게 합니다. 상대방 입장에서 묻고 답하는 동안 아이는 자연스럽게 질문하는
재미를 느껴볼 수 있을 것입니다.

아이 엄마, 그런데 참선이 뭐야?

엄마 좀 어려운 말인데, 가만히 앉아서 자기 마음을 들여다보는 게 참선
이야. 명상하는 거랑 비슷해.

아이 그런데 참선을 하면 정말 신선이 돼?

엄마 그건 엄마도 잘 모르겠어. 신선을 만나본 적도 없거든. 사실 신선은
상상 속의 인물이야.

아이 신선이 되면 뭐가 좋아?

엄마 영화 보면 신선이 구름 타고 막 날아다니잖아. 또 사람은 아프고
괴롭고 슬픈 일을 겪지만, 신선은 안 그래. 죽지도 않거든.

아이 그런데 여기서는 산신령이 나무꾼더러 신선이 따로 없다고 하잖
아. 왜 그런 거야?

엄마 아마 나무꾼 사는 모습이 꼭 신선처럼 아무 걱정도 없고, 태평해
보여서 그랬겠지?

아이 아, 그런 거야? 나무꾼은 원래 신선이 되고 싶어 했잖아. 그런데 진
짜 신선은 못 되고 그냥 신선처럼 걱정 없이 살게 됐네?

엄마 응, 엄마가 봐도 나무꾼이 참선을 제대로 한 것 같진 않아.

아이 맞아. 걸핏하면 마을에 내려가서 뭘 자꾸 얻어오잖아.

엄마 그렇지? 참선을 잘하려면 어쩔 수 없다고 하면서 말이야. 쥐 때문에, 고양이 때문에, 젖소 때문에 어쩔 수 없다고 하다가 나중엔 아내와 자식들까지 생겼지 뭐야.

아이 그러니까 신선이 못 되고 그냥 신선 흉내만 내잖아.

엄마 응, 그런데 나무꾼한테는 잘된 일 아닐까? 어차피 신선이 되는 건 불가능한 일이잖아. 그 대신 산속 오두막집에서 가족이랑 아주 행복하게 살게 됐잖아.

아이 하지만 신선이 되고 싶다는 소원은 이루지 못했잖아. 난 나무꾼이 좀 게으른 사람 같아. 참선한다면서 자꾸 핑계만 대고.

엄마 아, 네 생각은 그렇구나.

아이 엄마 생각은 어때?

엄마 엄마는 소원이란 게 꼭 자기가 생각하는 방식대로만 이루어지는 건 아니라는 생각이 들어.

아이 그게 무슨 말이야?

엄마 어쩌면 나무꾼은 꼭 신선이 되겠다기보다는 신선처럼 아무 걱정 없이 태평스럽게 살고 싶었던 게 아닐까? 그게 진짜 소원이었다면 나무꾼은 결국 소원을 이룬 거잖아.

아이 그게 그렇게 되는 거야? 좀 헷갈려.

엄마 헷갈려도 돼. 정답이란 건 없거든.

- 참선이란 무엇일까?
- 나무꾼은 정말 신선이 되었을까?
- 산신령은 왜 나무꾼을 보고 신선이 따로 없다고 했을까?

인문학 대화법 Tip

의문점을 찾는 대화

오로지 비판만을 위한 대화는 바람직하지 않습니다. 먼저 충분한 이해와 공감이 있고 난 뒤에도 비판할 시간은 충분합니다. 대화를 정리할 때쯤 부모와 아이가 함께 주인공의 선택이나 행동, 혹은 이야기 자체를 놓고 비판할 부분을 찾아보는 건 어떨까요? 때로는 등장인물이 자기 마음에 안 드는 행동을 할 때도 있고, 이야기가 원하지 않는 방향으로 흐를 수도 있습니다.

"주인공이 그러지 말고 이렇게 했으면 더 좋았을 거야."

"이야기가 갑자기 재미없게 돼버린 것 같아."

이런 비판은 얼마든지 할 수 있죠. 부모는 자녀의 비판을 그 자체로 존중하면서 다시 대화를 새로운 방향으로 전개해 나갈 수 있습니다. 서로 아무런 생각의 차이도 없이 끝나는 대화보다 비판할 점을 놓고 더 확장해 나가는 대화가 훨씬 더 생산적이지 않을까요?

아이의 생각정원 가꾸기

❶ 명상이란 것을 해본 적이 있나요? 지금부터 5분 동안 눈을 감고 가만히 앉아 있어 보세요. 5분 동안 얼마나 많은 생각이 떠올랐는지 생각나는 대로 적어보세요.

❷ 지금 어떤 소원을 품고 있나요? 그 소원을 이루려면 어떻게 해야 할지 떠오르는 대로 적어보세요.

❸ 무슨 일을 하다가 자꾸 핑곗거리를 찾으려고 한 적이 있나요? 언제 그랬는지 생각해보세요.

" 현실과 상상의
차이는 무엇일까? "

📖 아주머니의 행복한 상상

어느 산골에 자그마한 목장이 하나 있었어. 목장 아주머니는 아침마다 항아리 가득 우유를 짜서 장에 내다 팔았단다. 오늘도 아주머니는 우유 항아리를 머리에 이고 집을 나섰어. 산길을 따라 쭉 내려가면 시장이 나오는데 길이 좀 멀어. 아주머니는 흥얼흥얼 콧노래를 부르며 걷다가 갑자기 이런 생각을 하게 됐어.

'만약에 이 우유를 다 팔면 그 돈으로 뭘 할까?'

주머니 가득 돈이 들었다고 상상하니까 갑자기 기분이 좋아지잖아. 그래서 아주머니는 계속 상상을 하기 시작했단다.

'그래, 이 우유를 팔아서 번 돈으로 우선 병아리 몇 마리를 사는 거야.'

아주머니는 목장 풀밭에서 병아리들이 뛰어노는 상상을 했어. 머릿속으로 삐악삐악 병아리 소리가 들리는 것 같아.

'병아리를 잘 키워서 닭이 되면, 그 닭들을 시장에 내다 팔아야지. 그럼 꽤 큰돈을 벌 수 있을 거야.'

아주머니는 양손에 돈뭉치를 들고 기뻐하는 자기 모습을 상상했어. 얼마나 설레는지 몰라. 아주머니는 점점 상상 속으로 빠져들었어.

'돼지가 잘 자라서 토실토실 살이 찌면 시장에 내다 파는 거야. 돼지를 팔면 돈을 얼마나 벌게 될까?'

아주머니는 신이 났어. 이제 눈앞에 보이는 산길보다 상상 속의 자기 모습이 더 진짜 같단 말이야.

'돼지를 팔아서 번 돈으로 뭘 할까? 그래, 그 돈으로 송아지를 사는 거야. 송아지가 무럭무럭 자라서 젖소가 되면 그땐 정말 부자가 되겠지?'

송아지들이 자라서 목장에 뛰어노는 모습을 상상하다 보니 정말 가슴이 콩콩 뛰잖아.

그때였어.

툭! 와장창!

이게 무슨 소리냐고? 아주머니가 돌부리에 툭 걸려 넘어지면서 항아리가 박살 나는 소리야. 행복한 상상에 너무 깊이 빠져서 눈앞에 있는 돌부리를 못 봤던 거야. 항아리가 와장창 깨지는 바람에 땅바닥에 우유가 다 쏟아졌어. 아주머니의 행복한 상상도 다 깨지고 말았지 뭐야. 상상 속에서 뛰놀던 병아리, 닭, 돼지, 송아지들도 모두 사라지고 말았어.

"아이고, 이걸 어떡해! 난 이제 어떡하지?"

아주머니는 바닥에 주저앉아 엉엉 울었단다.

생각씨앗 찾기

- 아주머니의 상상은 어떻게 시작됐을까?
- 아주머니는 왜 돌부리에 걸려 넘어졌을까?
- 아주머니가 항아리를 깨지 않으려면 어떻게 해야 했을까?

· 이렇게 대화해보세요 ·

처음엔 부모와 아이가 각자 역할을 맡아 읽고, 다음엔 역할을 바꾸어 아이가 부모의 대사를 읽게 합니다. 상대방 입장에서 묻고 답하는 동안 아이는 자연스럽게 질문하는 재미를 느껴볼 수 있을 것입니다.

아이 아주머니가 불쌍해.

아빠 왜?

아이 신나는 상상을 하다가 항아리를 깨버렸잖아. 우유를 팔아서 돈을 벌어야 상상한 대로 될 수 있을 텐데.

아빠 맞아. 그런데 아빠도 사실은 이야기에 나오는 아주머니처럼 끝도 없이 상상에 빠질 때가 있어.

아이 아빠도? 어떻게?

아빠 회사에 출근할 때나 퇴근할 때 가끔 나도 모르게 상상에 빠져. 지금 계획대로 하면 내년쯤엔 더 큰 일을 맡을 수 있겠지? 그리고 그 일을 성공적으로 마치면 아마 좀 더 큰 집으로 이사할 수 있겠지? 그때쯤 넌 학년이 올라가고, 키도 더 클 거야. 또 지금보다 더 큰 꿈을 꾸게 되겠지? 그럼 엄마, 아빠도 힘을 내서 더 열심히 일하고, 그래서 차도 바꾸고 가족여행도 가고……. 그러다 갑자기 꿈에서 확 깨곤 해.

아이 다행이야. 아빠가 항아리를 이고 있지 않아서.

아빠 맞아. 항아리를 이고 있었다면 아빠도 깨뜨렸을지 몰라.

아이 상상은 정말 마법 같아.

아빠 호오, 어째서?

아이 상상을 시작하자마자 우리를 다른 곳으로 데려가잖아.

아빠 그래! 상상은 우릴 어디론가 데려가는 것 같아. 또 '지금'이 아니라 '언젠가'로 데려가기도 해.

아이 응, 이야기에 나오는 아주머니도 그랬잖아.

아빠 맞아, 맞아! 누구나 상상을 할 때면 지금보다 더 나은 날들을 꿈꾸게 되나 봐. 여기보다 더 좋은 곳, 지금보다 더 나은 미래를 꿈꾸게 되잖아.

아이 하지만 아주머니는 돌부리에 걸려서 항아리를 깼단 말이야.

아빠 그러니까 눈을 크게 뜨고 잘 살펴봐야지. 상상에만 너무 빠져서 현실을 잊어버리면 곤란하잖아.

아이 잠잘 때는 상상에 빠져도 되지?

아빠 잠잘 땐 괜찮겠다. 행복한 상상을 하다가 스르르 잠이 들면 행복한 꿈을 꾸게 되지 않을까?

아이 지금 밤이니까 상상해봐도 돼?

아빠 좋아. 그럼 우리 둘이 번갈아 가면서 상상 놀이를 해볼까?

아이 아빠부터.

아빠 생일날 너한테 예쁜 강아지가 생겼어. 어떤 강아지일까?

아이 털이 하얗고 아주 귀여운 강아지야.

아빠 매일매일 강아지 사진 찍어서 아빠한테 보내줄 거지?

아이 응, 산책도 시켜줄 거야.

아빠 너랑 강아지랑 산책하는 모습이 그려지니?

아이 당연하지. 아빠도 같이 산책하고 있잖아.

아빠 ······.

아이 아빠 차례야. 아빠? 아빠 자?

아빠 ······.

- 행복한 상상은 아무 때나 해도 될까?
- 꿈과 계획은 어떤 차이가 있을까?
- 잘 때 꾸는 꿈과 깨어 있을 때 꾸는 꿈은 뭐가 다를까?

생각이 멈출 때까지 상상해보기

하나의 질문은 끝없는 상상을 불러오곤 합니다. 가령 아이에게 "이번 생일에 예쁜 강아지를 선물 받으면 어떻게 할 거니?"라고 물어보세요. 그때부터 아이는 상상의 나래를 펼치겠죠. 빗으로 강아지 털을 곱게 빗겨주고, 매일매일 산책을 시키고, 사진도 찍어주고……. 계속해서 꼬리에 꼬리를 물고 상상이 펼쳐집니다.

간혹 아이의 상상이 바닥나면 이번엔 부모의 상상으로 대화를 이어가 보세요. 서로서로 번갈아 가며 자기가 상상한 것들을 말하다 보면, 전에는 생각지도 못했던 기발한 아이디어가 떠오르기도 합니다. 일종의 연상게임처럼 길게 이어지는 대화 또한 아이의 상상력에 큰 도움이 되겠죠.

아이의 생각정원 가꾸기

❶ 생각이 꼬리에 꼬리를 물고 계속 생겨난 적이 있나요? 어떤 생각이었는지 한 가지만 적어보세요.

✎

❷ 멍하니 생각에 잠겨본 적이 있나요? 언제 그랬는지 기억해보세요.

✎

❸ 어떤 소망을 이루기 위해 계획을 세워본 적이 있나요? 지금 계획을 한 번 세워보세요.

✎

"꿈과 욕망의
차이는 무엇일까?"

이카로스의 날개

옛날 바다 건너 어느 왕국에 다이달로스라는 발명가가 있었어. 다이달로스는 재주가 어찌나 뛰어난지 못 만드는 게 하나도 없었대. 그런데 어쩌다가 왕의 미움을 사는 바람에 그만 감옥에 갇히게 되었어.

"여봐라, 다이달로스와 그의 아들 이카로스를 미궁에 가두어라!"

미궁이 어떤 곳이냐고? 길이 워낙 복잡해서 한 번 들어가면 아무도 빠져나올 수 없는 곳이야. 게다가 바다로 빙 둘러싸여 있어서 절대로 도망칠 수가 없어. 하지만 다이달로스가 어디 보통 사람이야? 뭐든지 만들 수 있는 사람이잖아.

다이달로스는 미궁에 갇힌 다음 날부터 아들 이카로스와 함께 뭔가를 만들기 시작했어. 새 깃털들을 잔뜩 주워 모은 다음 끈적끈적한 밀랍으로 하나하나 붙이기 시작한 거야. 도대체 뭘 만들려는 걸까?

다이달로스는 깃털 위에 또 깃털을 붙이고, 또 붙여서 아주 커다란 날개를 만들었어. 맞아, 양쪽 팔에 커다란 날개를 달고 새처럼 날아서 미궁을 빠져나가기로 한 거야.

"자, 드디어 완성이다! 이제 훨훨 날아서 미궁을 벗어나자꾸나!"

다이달로스와 이카로스는 양팔에 날개를 꽁꽁 매달았어. 그리고는 힘차게 날갯짓을 하기 시작했단다.

"아버지, 날아요! 몸이 둥실둥실 떠올라요!"

이카로스는 신이 나서 점점 높이 날아올랐어. 바다 위로, 마을 위로 훨훨 날아가면서 이카로스는 정말 새가 된 기분이었지. 하지만 아버지 다이달로스는 이만저만 걱정이 아니야.

"이카로스, 너무 높이 날면 안 돼! 위험해!"

다이달로스는 큰 소리로 아들을 불렀어.

하지만 이카로스는 자꾸자꾸 높이 올라가더니 어느새 구름 속으로 사라졌단다.

"이카로스, 이카로스!"

다이달로스는 다급하게 외쳤지만, 이카로스는 들을 수 없었어. 구름 위로 너무 높이 올라왔거든. 높이, 하늘 저 높이 올라간 이카로스는 갑자기 더럭 겁이 났어. 왜냐하면 태양이 점점 가까워졌거든.

뜨거운 햇빛 때문에 밀랍이 녹아내리기 시작했어. 깃털도 하나둘씩 떨어져 나갔단다.

"어, 깃털이 다 빠졌어요! 아버지, 살려주세요!"

있는 힘껏 팔을 휘저었지만 이미 늦었지. 이카로스는 결국 바다에 떨어지고 말았어. 바다 위에는 흩어진 깃털만 둥둥 떠 있었단다.

생각씨앗 찾기

- 우리도 양쪽 팔에 커다란 날개를 달면 하늘을 날 수 있을까?
- 미궁을 탈출할 수 있는 다른 방법은 없었을까?
- 이카로스는 왜 자꾸자꾸 높이 올라갔을까?

• 이렇게 대화해보세요 •

처음엔 부모와 아이가 각자 역할을 맡아 읽고, 다음엔 역할을 바꾸어 아이가 부모의 대사를 읽게 합니다. 상대방 입장에서 묻고 답하는 동안 아이는 자연스럽게 질문하는 재미를 느껴볼 수 있을 것입니다.

아빠 만약에…….

아이 응, 만약에 뭐?

아빠 만약에 너랑 아빠랑 미궁에 갇혔다면 어떻게 탈출했을까?

아이 잘 모르겠어.

아빠 지금은 몰라도 돼. 아빠도 몰라. 그럼 이번엔 네가 해봐. 무슨 말이든 '만약에'로 시작해보는 거야, 알았지?

아이 응. 만약에, 이카로스가 혼자 높이 날아가지 않았으면 어떻게 됐을까?

아빠 그럼 다이달로스와 함께 무사히 탈출했겠지, 아마?

아이 응, 멀리멀리 도망갔을 거야. 왕이 찾지 못할 만큼 멀리. 이번엔 아빠 차례.

아빠 만약에, 우리도 새처럼 날 수 있다면 어떨까?

아이 그럼 자동차가 필요 없을 거야. 학교도 회사도 그냥 날아가면 되니까.

아빠 정말 신나겠다. 그럼 비행기도 필요 없지 않을까? 이번엔 네 차례야.

아이 만약에, 아빠랑 나랑 미궁에 갇히면 어떻게 탈출하지?

아빠 글쎄, 아빠는 날개를 못 만드는데 어떡하지?

아이 아주 기다란 실이 있으면 조금씩 풀어서 길을 찾으면 돼. 만화에서 봤어.

아빠 그만큼 긴 실을 어떻게 구하지?

아이 음, 맞다! 옷을 뜯어서 실을 뽑아내면 되잖아.

아빠 그런 방법이 있었구나!

아이 이번엔 아빠 차례야.

아빠 만약에, 이카로스가 바다에 떨어져서도 살아났다면 어떻게 됐을까?

아이 다이달로스한테 혼났을 거야. 아빠도 혼냈겠지?

아빠 응, 혼내긴 했겠지. 하지만 너가 살아서 정말 기뻤을 거야.

아이 걱정 안 해도 돼. 난 태양까지 날아가지 않을 테니까.

아빠 정말? 약속이다?

아이 응, 약속.

아빠 그런데 어떤 사람들은 이카로스처럼 자꾸자꾸 높이 날아오르고 싶어해. 꿈이 너무 크고 높을수록 그렇단다.

아이 꿈은 클수록 좋다고 하던데?

아빠 그렇긴 해. 하지만 날개가 녹을 만큼 높이 올라가면 곤란하지 않을까? 꿈과 이상은 높이 둬야 하지만, 자칫하면 욕망으로 바뀔 수도 있단다.

아이 꿈이랑 욕망이랑 다른 거야?

아빠 비슷해 보이긴 하지만 약간 달라. 예를 들면 하늘을 나는 건 꿈이지만, 태양에 너무 가까이 날아가서 날개가 녹아버리는 건 욕망이 아닐까?

아이 좀 어려워.

아빠 사실은 아빠도 그래. 좀 더 알기 쉬운 예를 찾아볼게.

- 만약에 내가 이카로스처럼 하늘을 날게 된다면 어떤 기분일까?
- 만약에 날개가 녹지 않았다면 이카로스는 어떻게 됐을까?
- '미궁에 빠졌다'라는 말은 무슨 뜻일까?

인문학 대화법 Tip

대화를 게임처럼 재미있게 만드는 '만약에'

"만약에 날개가 녹지 않았다면 이카로스는 어떻게 됐을까?"
"만약에 이카로스가 밤에 탈출했더라면 어땠을까?"
"만약에 이카로스가 바다에 떨어진 뒤에도 살아남았더라면?"
한 편의 이야기를 읽고 난 뒤에 '만약에'로 시작되는 질문을 떠올려보세요.
의외로 많은 질문이 생겨납니다. 물론 그중에는 말도 안 되는 엉뚱한 질문
도 끼어있겠죠.
하지만 부모와 아이가 서로서로 번갈아 가며 '만약에'라는 질문을 찾아보는
것만으로도 상상력이 피어나고, 충분히 즐거운 대화가 됩니다. '만약에'로
시작되는 대화에 일일이 답을 내놓아야 할 필요는 없겠죠.
간혹 어떤 질문은 아주 긴 사색의 시간이 필요할 수도 있을 테니까요. 지금
은 그냥 재미있게 '만약에'라는 상상을 펼쳐보는 것으로도 충분합니다.

아이의 생각정원 가꾸기

❶ 내가 새처럼 날 수 있게 된다면 어떤 일을 할 수 있을까요? 생각나는 대로
적어보세요.

🖊 _____

_____

❷ 만약에 다이달로스처럼 뭐든지 만들 수 있다면 어떤 물건을 만들고 싶은지
적어보세요.

🖊 _____

_____

❸ 너무 신나게 놀다가 실수를 한 적이 있나요? 언제인지 생각해보세요.

🖊 _____

_____

마음을 가라앉히면 무엇이 보일까?

한 번 더 생각해볼까?

모든 것을 바칠 수 있을까?

순수한 마음이란 어떤 것일까?

사람은 왜 진심에 감동할까?

보이지 않는 것을 믿을 수 있을까?

좋은 세상은 어떻게 만들어질까?

욕심은 왜 끝이 없을까?

희망이란 무엇일까?

2장

감정을 조절하는 아이는
스스로 문제를 해결한다

"마음을 가라앉히면
무엇이 보일까?"

하마의 구슬

귀여운 하마가 호숫가에서 구슬 놀이를 하고 있었어. 또르르 굴려보기도 하고, 콧구멍에 끼워보기도 하면서 깔깔깔 얼마나 재미있어 하는지 몰라.

어, 그런데 저걸 어떡해?

살짝 놓치는 바람에 구슬이 그만 물속에 퐁당 빠졌지 뭐야.

"어, 구슬, 내 구슬!"

하마는 구슬을 찾으려고 물속에 풍덩 뛰어들었어. 물가에서 졸고 있던 새와 사슴, 토끼들이 화들짝 놀랐어.

"내 구슬, 내 구슬이 어디 있지?"

하마는 정신없이 물속을 뒤지기 시작했단다. 하지만 하마가 움직일 때마다 물은 점점 흙탕물로 변할 뿐이야.

"새야, 새야! 내 구슬 좀 찾아줄래?"

하마는 새들에게 부탁했어.

"하마야, 이런 흙탕물에서 어떻게 구슬을 찾니?"

"구슬을 못 찾으면 어떡하지? 몰라, 난 몰라!"

하마는 엉엉 울면서 물속을 자꾸자꾸 헤집고 다녔어.

그럴수록 물은 점점 더 뿌옇게 변했단다.

그때 악어 할아버지가 천천히 다가와서 하마에게 말했어.

"얘, 이 덜렁이 녀석아! 가만 좀 있어 봐!"

"어떻게 가만히 있어요? 구슬을 찾아야 한단 말이에요!"

하마는 계속 엉엉 울었어.

"가만가만! 얌전히 기다려보란 말이야. 그럼 구슬을 찾을 수 있을 거야!"

구슬을 찾을 수 있다는 말에 하마는 귀가 솔깃해졌단다.

"구슬을 찾을 수 있다고요? 정말요? 어떻게 찾아요?"

"여기 가만히 앉아서 기다려보렴. 틀림없이 구슬을 찾을 수 있을 테니까."

하마는 악어 할아버지 곁에 앉아 얌전히 기다리기로 했어. 하지만 너무 초조하잖아. 도대체 얼마나 기다려야 하지? 하마는 답답하고 초조해서 견딜 수가 없었어.

"악어 할아버지, 얼마나 더 기다려요? 못 참겠어요!"

하마는 다시 물속으로 첨벙 뛰어들 생각인가 봐.

그때 악어 할아버지가 말했어.

"저기, 저 물 좀 보렴."

"어? 물이 맑아지고 있네?"

뿌옇던 흙탕물이 조금씩 조금씩 가라앉으면서 물이 맑아지기 시작했어. 물이 점점 맑아질수록 호수 바닥이 조금씩 보이잖아.

그때 갑자기 하마가 소리쳤어.

"어, 보인다! 저기 있다! 내 구슬, 내 구슬!"

정말 호수 바닥에 구슬이 있었어.

하마는 살금살금 물속으로 들어가 구슬을 살짝 건져 올렸지.

"찾았다, 구슬을 찾았어!"

물가에 있던 악어 할아버지도, 새들도 하마를 보며 웃었단다.

생각씨앗 찾기

- 구슬을 물에 빠뜨린 뒤에 하마는 어떻게 행동했을까?
- 악어는 하마에게 왜 가만히 기다리라고 했을까?
- 하마는 어떻게 구슬을 다시 찾게 됐을까?

· 이렇게 대화해보세요 ·

처음엔 부모와 아이가 각자 역할을 맡아 읽고, 다음엔 역할을 바꾸어 아이가 부모의 대사를 읽게 합니다. 상대방 입장에서 묻고 답하는 동안 아이는 자연스럽게 질문하는 재미를 느껴볼 수 있을 것입니다.

아빠 넌 뭔가 잃어버렸다가 다시 찾은 적 없니?

아이 음, 생각이 안 나.

아빠 아빠는 많아. 스마트폰도 잃어버렸다가 다시 찾았고, 열쇠도 한 번 잃어버린 적 있어.

아이 아빠도 하마처럼 막 허둥대다가 잃어버린 거야?

아빠 응, 잃어버린 걸 알고는 더 허둥댔지 뭐야. 여기도 뒤져보고 저기도 뒤져보고 정신이 하나도 없었어. 하마처럼.

아이 그런데 어떻게 다시 찾았어?

아빠 하마한테 악어 할아버지가 다가온 것처럼, 아빠한테도 엄마가 다가왔지.

아이 엄마가?

아빠 응, 엄마가 아빠 손을 꼭 잡고 이러는 거야. "가만히 앉아서 차분히 생각해봐요. 어제 집에 들어오던 장면부터 차근차근 다시 생각해봐요." 그래서 엄마가 시키는 대로 했지.

아이 그랬더니 어떻게 됐어?

아빠 차분히 시간을 갖고 기억을 더듬어보니까 정신이 점점 맑아지는 거야.

아이 흙탕물이 맑아지는 것처럼?

아빠 응, 흙탕물이 맑아지는 것처럼. 그러더니 갑자기 생각이 났어. 스마트폰은 아빠 차 뒷좌석에 떨어져 있었고, 열쇠는 소파 밑에서 찾은 거야. 정말 신기했어.

아이 그냥 마음을 차분하게 가라앉히기만 했는데 생각이 난 거야?

아빠 그렇다니까. 사실 그건 당연한 거야.

아이 왜 당연한데?

아빠 생각해봐. 차를 타고 쌩쌩 달릴 때는 풍경이 획획 스쳐 지나가잖아. 너무 빨리 달리면 간판 글씨도 잘 안 보이고, 풍경도 잘 안 보여. 하지만 차에서 내려서 천천히 걸어가면 어떻게 될까?

아이 잘 보이겠지! 천천히 걸으면 다 보이지.

아빠 맞아. 마음이 급하면 몸도 바빠져서 막 허둥댈 수밖에 없어. 하지만 그럴수록 몸은 천천히, 마음은 차분히 가라앉혀야 해. 급할 때는 보이지 않던 것들, 서두를 땐 생각나지 않던 것들이 그제야 맑게 떠오르거든.

아이 사실은 나도 어제 색연필 하나 잃어버렸어. 초록색 연필인데 어디 있는지 못 찾겠어.

아빠 자, 그럼 지금부터 해볼까? 마음을 차분히 가라앉히고 기억을 더듬어보는 거야. 어때?

아이 하마처럼?

아빠 응, 하마처럼.

- 무언가를 잃어버리면 우리는 왜 허둥댈까?
- 기다릴수록 잘 보이는 게 또 뭐가 있을까?
- 나는 성급하게 행동할 때가 많을까, 아니면 차분하게 행동할 때가 많을까?

인문학 대화법 Tip

작은 실천으로 이어지는 대화

좋은 이야기보다 중요한 것은 좋은 대화입니다. 짧은 이야기 한 편을 앞에 두고 부모와 아이가 맛있는 요리를 즐기듯이 대화를 나누는 모습은 상상만 해도 행복합니다. 그리고 좋은 대화는 일상의 실천으로 이어지곤 하죠.

"찾으려고 소동을 일으킬 때는 안 보이다가, 가만히 앉아서 기다리니까 구슬이 보이네?"

이 한 마디가 기억에 남게 될 때, 아이는 자연스럽게 여유와 기다림의 가치를 느끼게 되지 않을까요? 기다림의 가치를 알게 되면 아이의 생각은 성장합니다. 한 편의 이야기와 그 이야기를 둘러싼 대화가 아이의 긍정적인 실천으로 이어지는 과정을 함께 누려보세요.

아이의 생각정원 가꾸기

❶ 아끼던 물건을 잃어버리고 나서 허둥댄 적이 있나요? 언제 그랬는지 기억해보세요.

✎ _____

_____

❷ 마음이 급하고 초조했던 적이 있나요? 주로 언제 그런가요? 차분히 여유를 갖고 생각해보세요.

✎ _____

_____

❸ 급하게 서둘러야 할 때는 언제일까요? 반대로 차분해져야 할 때는 언제일까요? 각각 한 가지씩만 적어보세요.

✎ _____

_____

"한 번 더 생각해볼까?"

진주를 삼킨 거위

한 나그네가 길을 가는데 날이 저물기 시작했어.

"가만있자, 오늘은 어디서 하룻밤 묵어갈까?"

빙 둘러보니까 저 멀리 으리으리한 기와집이 보이잖아. 한눈에 봐도 엄청 부잣집 같단 말이야. 나그네는 곧장 그 집으로 가서 하룻밤만 묵게 해달라고 부탁했어. 하지만 금방 쫓겨나고 말았지 뭐야.

"여기가 어디라고 감히? 딴 데 가서 알아보시오!"

나그네는 하는 수 없이 문간에 쪼그리고 앉았어. 땀이나 좀 식히려고 말이야.

마침 부잣집 어린 아들이 마당에 나와서 혼자 구슬 놀이를 하고 있었어. 그런데 가만 보니까 구슬이 아니라 진주잖아.

'아니, 저 귀한 진주를 저렇게 함부로 갖고 놀아도 되나?'

바로 그때였어. 뒷마당에 있던 거위가 뒤뚱뒤뚱 걸어오더니 진주 한 알을 쏙 집어삼켰지 뭐야.

'저런, 저런!'

나그네는 깜짝 놀랐어. 비싼 진주를 거위가 날름 삼켰으니 이제 어떡해?

"어, 구슬 하나가 모자라네. 어디 있지?"

꼬마 녀석도 뒤늦게 알아차렸나 봐. 그런데 마당 구석구석을 암만 찾아봐도 진주가 안 보이잖아. 그러다가 나그네를 빤히 쳐다보더니 쪼르르 달려가서 어른들을 불러왔어.

"진주를 내놓아라."

집주인은 나그네한테 다짜고짜 이렇게 말했단다.

"진주라니요? 저는 안 가져갔습니다."

"여기에 당신 말고 또 누가 있어? 당신이 가져갔잖아! 얘들아, 뭣들 하느냐?"

갑자기 하인들이 나그네한테 달려들었어. 그리고는 옷을 홀딱 벗겨 가며 진주를 찾기 시작했단다. 하지만 진주가 나올 턱이 있나.

"흥, 그새 진주를 딴 데 숨긴 모양이로구나. 안 되겠다. 내일 관아로 끌고 가야겠다."

하인들이 밧줄을 가져오더니 나그네를 꽁꽁 묶기 시작했어. 나그네는 거위를 보더니 무슨 말을 하려다가 그냥 입을 꾹 다물었어. 그러고는 꽁꽁 묶인 채로 얌전히 헛간에 갇혔단다.

날이 밝자마자 집주인이 하인들을 데리고 왔어.

"아직도 진주를 못 내놓겠느냐?"

"저는 진주를 가져가지 않았습니다."

그때 마당에 있던 거위가 꽥꽥 소리를 내더니 똥을 싸기 시작했어. 나그네는 그제야 미소를 지으며 손가락으로 거위 똥을 가리켰단다.

"저기 저 거위 똥을 잘 보시오. 뭔가 반짝거리는 게 있지 않소?"

집주인도, 하인들도 눈이 동그래졌어. 거위 똥 속에 진주 한 알이 반짝반짝 빛나고 있었거든. 나그네는 웃으며 이렇게 말했단다.

"실은 어제 아드님이 갖고 놀던 진주를 저 거위 놈이 꿀꺽 삼켜버렸지 뭐요."

집주인은 기가 막힌다는 표정이야.

"아니, 그 얘길 왜 지금 하는 거요? 괜히 헛고생만 하지 않았소?"

"어제 이야기했더라면 어떻게 했겠소?"

"당연히 거위 배를 갈라서……."

집주인은 갑자기 할 말을 잃고 말았어.

"그랬다면 거위가 목숨을 잃었겠죠. 그러니 차라리 내가 하룻밤 고생하고 거위 목숨을 살리는 편이 더 낫지 않았겠소?"

집주인은 그제야 나그네한테 고개를 숙이며 사과했어.

"우리가 잘못했습니다. 아무 죄도 없는 분을 도둑으로 몰았군요. 정말 죄송합니다."

하인들도 나그네에게 넙죽 절하며 용서를 빌었단다.

- 만약에 거위 똥에서 진주가 나오지 않았다면 어떻게 됐을까?
- 만약에 집주인이 나그네 같은 사람이었다면 어땠을까?
- 억울한 일을 당했는데 시간이 지나 저절로 해결된 적이 있었나요?

· 이렇게 대화해보세요 ·

처음엔 부모와 아이가 각자 역할을 맡아 읽고, 다음엔 역할을 바꾸어 아이가 부모의 대사를 읽게 합니다. 상대방 입장에서 묻고 답하는 동안 아이는 자연스럽게 질문하는 재미를 느껴볼 수 있을 것입니다.

엄마 나그네 말이야, 참 대단한 사람인 것 같아. 만약에 엄마가 그런 일을 당했다면 나그네처럼 할 수 없었을 거야. 너라면 어떻게 했을까?

아이 거위가 진주를 삼켰다고 말할 거야.

엄마 그럼 성미 급한 집주인이 당장 거위 배를 갈랐을 텐데?

아이 하루만 기다리면 거위 똥에서 진주가 나올 거라고 말해줄 거야.

엄마 그래도 집주인이 믿지 않으면 어떡하지?

아이 믿어줄 때까지 말해볼 거야.

엄마 하지만 집주인이 끝까지 믿지 않고 거위 배를 갈라버리면 큰일이잖아. 만약에 집주인이 거위 배를 갈랐으면 어떻게 됐을까?

아이 진주가 나왔을 거야.

엄마 하지만 거위는?

아이 거위는 죽었겠지?

엄마 정말 큰일 날 뻔했다, 그렇지? 그래서 나그네는 하룻밤 고생하기로 마음먹은 것 같아. 하룻밤만 고생하면 거위도 살리고 진주도 찾을 수 있으니까.

아이 집주인은 거위를 아끼지 않는 것 같아. 그런데 나그네는 왜 거위를 살리고 싶어 해?

엄마 글쎄, 집주인과 나그네의 생각이 많이 다른 것 같네? 어떻게 다른지 한번 생각해보자.

아이 음, 집주인은 거위보다 진주가 좋은가 봐.

엄마 엄마도 동감! 그런데 나그네는 반대인 것 같아. 그럼 네 생각은 어떠니?

아이 거위가 불쌍하잖아. 거위를 죽이는 건 싫어.

엄마 이야, 너도 나그네랑 생각이 비슷하구나.

아이 근데 집주인이랑 하인들은 좀 나쁜 것 같아.

엄마 왜?

아이 꼬마 말만 듣고 나그네를 꽁꽁 묶었잖아.

엄마 그래, 맞아. 만약에 네가 집주인이었다면 어땠을 것 같니?

아이 꼬마 말만 듣지 않고, 나그네 말도 잘 들어봤을 것 같아.

엄마 그래? 그럼 집주인이랑 나그네랑 어떻게 대화했을까? 우리가 한번 대신해볼까? 엄마가 집주인이 되고, 넌 나그네가 되는 거야.

- 생각이 깊다는 건 무슨 뜻일까?
- 성미가 급한 사람과 여유 있는 사람은 어떤 점이 다를까?
- 생각이 깊은 사람이 되려면 어떤 습관이 필요할까?

인문학 대화법 Tip

다그치는 질문과 기다리는 질문

자녀가 정답을 말하도록 유도하는 질문도 나쁘지만, 빨리 대답하라고 다그치는 질문은 더 나쁩니다. 질문의 목적은 즉각적인 대답을 듣는 것이 아니라 자녀의 머릿속에 생각의 씨앗을 심는 것이기 때문입니다.

자녀가 부모의 질문에 대답했을 때 "맞았어, 정답이야!" 하고 반응하기보다는 "이야, 어떻게 그런 멋진 생각을 했지?" 하면서 생각의 과정을 되물어보는 건 어떨까요? 자녀에게 생각의 과정이 중요하다는 사실을 일깨워주려면 충분히 기다릴 수 있어야 합니다.

예를 들어 "성미가 급하면 어떤 일이 생길까?"라고 물어본 뒤에 자녀에게 "엄마도 잘 모르니까 생각을 좀 해봐야겠어. 기다려줄 수 있지?" 하고 함께 생각이 익어가는 시간을 가져보는 겁니다.

아이의 생각정원 가꾸기

❶ 생각 없이 성급하게 행동하는 바람에 후회한 적이 있나요? 언제 그랬는지 생각해보세요.

✎ _____

_____

❷ 성급하게 행동하면 왜 잘못을 저지르기 쉬울까요? 생각나는 대로 적어보세요.

✎ _____

_____

❸ 행동하기 전에 한 번 더 생각해보는 습관이 있으면 어떤 점이 좋을까요?

✎ _____

_____

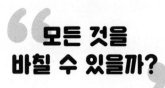

모든 것을
바칠 수 있을까?

삼 형제의 보물

옛날 어느 먼 나라에 삼 형제가 살고 있었어. 그 형제들은 하나씩 마법의 보물을 갖고 있었단다.

첫째에게는 마법의 망원경이 있었는데, 이 망원경만 있으면 아무리 멀어도 다 볼 수가 있어. 그리고 둘째한테는 하늘을 나는 마법의 양탄자가 있었고, 막내한테는 마법의 사과가 있었는데 이 사과만 먹으면 어떤 병이든 싹 낫는대.

어느 날 첫째가 망원경으로 여기저기 구경하다가 성벽에 내걸린 포고문을 보게 됐어. 포고문에는 공주의 병을 고치는 사람을 사위로 삼고 왕위까지 물려준다고 쓰여 있었어.

사실 이 나라 공주는 오래전부터 큰 병을 앓고 있었어. 용하다는 의사들이 온갖 약을 써봤지만, 다 실패했대. 그래서 왕은 어떻게든 공주를 살려야겠다는 생각으로 그런 포고문을 내건 거야.

"얘들아, 우리가 나서야 할 때가 온 것 같아."

삼 형제는 둘째의 마법 양탄자를 타고 곧장 궁궐로 날아갔어. 궁궐까지는 거리가 아주 멀었지만, 양탄자 덕분에 금세 도착했지. 삼 형제는 궁궐에 도착하자마자 곧장 공주에게 달려갔어.

자, 이젠 막내 차례야. 막내는 품 안에 꼭꼭 간직해두었던 마법 사과를 꺼냈어. 그리고는 공주에게 조금씩 조금씩 사과를 먹였단다. 어떻게 됐을까?

공주의 볼이 발그스름해지더니 눈빛이 초롱초롱 빛나기 시작했어. 곧이어 자리에서 벌떡 일어나 기지개를 켜는 거야. 아주 푹 자고 일어난 사람처럼 말이야.

"공주의 병이 나았다!"

성안에 있던 모든 사람이 손뼉을 치며 기뻐했어. 여기저기서 큰 잔치가 열리고 신나는 음악이 울려 퍼졌지.

자, 그럼 이제 포고문에 적힌 대로 약속을 지켜야 할 차례잖아. 그런데 왕은 고민에 빠졌어. 삼 형제 중에서 누구를 사위로 삼아야 할지 모르겠거든. 그때 한 신하가 왕에게 말했어.

"전하, 첫째가 적임자입니다. 첫째의 망원경이 없었더라면 포고문을 읽을 수 없었겠지요."

다른 신하도 입을 열었어.

"아닙니다, 전하. 둘째의 양탄자가 없었다면 형제가 제때 날아올 수 없었을 겁니다. 둘째에게 왕위를 물려줘야 합니다."

또 다른 신하는 이렇게 말했어.

"포고문을 읽고, 성까지 날아왔다 해도 막내의 사과가 없었다면 아무 소용이 없었겠지요."

신하들 생각은 세 갈래로 나뉘었어. 다들 첫째다, 둘째다, 아니 셋째가 되어야 한다며 목소리를 높인단 말이야.

그때 왕이 천천히 손을 들어 신하들을 말렸어.

"결정했노라. 나는 첫째도, 둘째도 아닌 막내를 사위로 삼겠다."

"전하, 왜 막내를 선택하셨습니까?"

그러자 왕은 미소를 지으며 이렇게 말했단다.

"첫째의 망원경은 지금도 그대로 남아있다. 둘째의 양탄자도 마찬가지지. 그런데 막내의 사과는 어디 있지? 막내는 공주를 살리기 위해 자신의 모든 것을 바쳤다. 누군가를 위해 모든 것을 내줄 수 있는 마음이라면 공주와 이 나라를 맡겨도 되지 않겠느냐?"

생각씨앗 찾기

- 삼 형제는 왜 궁궐로 날아갔을까?
- 삼 형제 중에서 가장 큰 공을 세운 사람은 누구일까?
- 왕은 왜 막내에게 왕위를 물려주기로 했을까?

· 이렇게 대화해보세요 ·

처음엔 부모와 아이가 각자 역할을 맡아 읽고, 다음엔 역할을 바꾸어 아이가 부모의 대사를 읽게 합니다. 상대방 입장에서 묻고 답하는 동안 아이는 자연스럽게 질문하는 재미를 느껴볼 수 있을 것입니다.

엄마 내 생각은 달라.

아이 응? 나 아무 말도 안 했는데?

엄마 그게 아니라, 이 이야기를 읽는 동안 엄마는 계속 '내 생각은 달라', '내 생각은 달라' 이렇게 중얼거렸어.

아이 왜?

엄마 그냥 '내 생각은 달라' 이렇게 말하고 나니까 뭐가 다른지, 왜 다른 지 저절로 생각하게 돼. 너도 해볼래? 엄마가 어떤 말을 하면 '내 생각은 달라' 하고 말해봐.

아이 어떻게?

엄마 예를 들어 "첫째의 망원경이 없었으면 포고문을 읽지 못했을 테니 까 첫째를 사위로 삼아야 해." 이 말에 대해서 넌 어떻게 생각하니?

아이 내 생각은 달라.

엄마 그렇지. 그런데 정말 네 생각은 어때?

아이 솔직히 아무 생각이 없었는데 '내 생각은 달라' 이렇게 말하고 나 니까 생각을 해보게 돼.

엄마 엄마도 그랬어. 원래 그래. 사람들은 질문을 받기 전까지는 아무 생 각이 없다가 구체적으로 질문을 받으면 그때부터 생각하거든.

아이 엄마, 잠깐만. 나도 생각을 좀 더 잘해볼게.

엄마 얼마든지 기다릴 수 있어. 그동안 엄마도 생각 좀 해볼게.

아이 음, 생각했어. 첫째의 망원경 덕분에 포고문을 읽긴 했지만, 양탄자와 사과가 없었으면 공주를 구할 수 없었을 거야. 그러니까 첫째만 자격이 있는 건 아니야.

엄마 정말 잘한다! 그럼 둘째의 양탄자도 마찬가지겠네? 양탄자 덕분에 궁궐까지 금방 날아갈 수 있었지만, 망원경이랑 사과 없이는 공주를 구할 수 없었을 테니까.

아이 맞아. 그리고 사과도 그래. 사과 덕분에 공주의 병이 나았지만, 망원경이랑 양탄자 없이는 어려웠을 거야.

엄마 그런데 왕은 셋째를 사위로 삼으려고 했어. 셋째는 자기가 가진 것을 모두 바쳤으니까. 네 생각은 어때?

아이 내 생각은 달라.

엄마 어떻게 다른데?

아이 첫째랑 둘째가 너무 억울할 것 같아. 그리고 공주한테도 물어봐야 해.

엄마 왜?

아이 공주가 셋째를 싫어할 수도 있잖아. 아무리 왕이라도 공주 마음에 안 드는 사람을 억지로 결혼시키면 어떡해?

엄마 너 정말 멋지다. 그럼 공주가 선택하는 게 맞네. 공주가 어떤 선택을 할 것 같니? 첫째, 둘째, 셋째?

아이 내 생각은 달라.

엄마 좋았어. 어떻게 다른데?

- 삼 형제 중에서 한 사람이라도 빠졌더라면 결과는 어땠을까?
- 마법의 사과는 한 번밖에 쓸 수 없는데, 내가 만일 막내였다면 어떻게 했을까?
- 공주의 남편감을 왕이 정하는 게 과연 옳은 일일까?

인문학 대화법 Tip

'내 생각은 달라'로 시작하는 대화

대화의 규칙을 만들어보세요. 가령 '내 생각은 달라'로 시작하는 대화는 어떨까요? '내 생각은 달라' 이렇게 말하고 나면 자연스럽게 왜 다른지, 어떻게 다른지를 찾기 마련입니다.

"신하들은 첫째가 왕위를 물려받아야 한다고 했어. 첫째가 망원경으로 포고문을 봤기 때문이지." 부모가 이렇게 말하면 아이는 "내 생각은 달라."라고 대답합니다. 그럼 부모는 아이가 자기 생각을 정리할 때까지 충분히 기다려줍니다.

설령 이야기에서 막내가 왕위를 물려받는 것이 타당하다고 결론 내렸더라도 "내 생각은 달라."라고 말할 수 있습니다. 어쩌면 공주에게 직접 자신의 사윗감을 선택하게 해야 한다고 대답할 수도 있겠죠. 정답이 있는 것은 아닙니다. 또 아이가 매번 자기만의 생각을 이야기하지 못할 수도 있죠. 이 대화의 목적은 "내 생각은 달라."라고 말한 뒤에 어떻게 말을 이어가야 하는지를 익히는 데 있으니까요.

아이의 생각정원 가꾸기

❶ 내가 지닌 것 중에 가장 귀한 보물은 무엇일까요? 가장 귀한 순서대로 세 가지만 적어보세요.

🖉

❷ 가장 아끼던 것을 누군가에게 준 적이 있나요? 언제, 누구에게 주었는지 생각해보세요.

🖉

❸ 아무리 큰 대가를 치르더라도 꼭 갖고 싶거나 이루고 싶은 일이 있나요? 무엇인지 생각해보세요.

🖉

"순수한 마음이란 어떤 것일까?"

순례자와 고양이

옛날 어느 먼 나라에 아주 큰 부자가 살았어. 평생 열심히 일해서 번 돈으로 엄청나게 많은 재산을 모은 거야. 하지만 아무리 부자라도 나이가 드는 건 어쩔 수 없잖아. 부자는 점점 희끗희끗해지는 머리카락을 보면서 이렇게 생각했어.

'재산이 많으면 뭐하나, 죽을 때 가져갈 수도 없는걸.'

부자는 재산이고 뭐고 다 소용없다는 걸 알았어. 남은 꿈은 그저 죽어서 천국에 가는 것뿐이야.

어느 날 부자는 사막 저편 아주 먼 곳에 있다는 성지를 찾아 순례를 떠나기로 마음먹었어. 그래야만 천국에 갈 수 있다고 믿었거든.

하지만 순례는 아무나 할 수 있는 게 아니야. 밥도 제대로 먹지 못하고, 잠도 길 위에서 자야 해. 게다가 틈만 나면 바닥에 엎드려 기도를 올려야 해. 너무너무 힘들어서 보통 사람들은 하루도 못 견딜 거야.

얼마 전까지만 해도 부자로 살던 사람이 과연 그런 고생을 견뎌낼 수 있을까? 그런데도 순례자가 된 부자는 그 모든 어려움을 이겨내며 쉬지 않고 걸었단다. 제대로 먹지 못해서 몸은 비쩍 말랐고, 손발도 온통 굳은살투성이야. 하지만 순례자는 멈추지 않고 계속 걸었어.

무더운 여름날 사막을 걷고, 비바람을 맞으며 산을 넘고, 겨울밤 꽁꽁 얼어붙은 시장 바닥에서 잠을 자기도 했단다.

그 숱한 고생을 다 이겨내고 순례자는 마침내 성지에 다다랐어.

"신이시여, 무사히 도착하게 해주셔서 감사합니다."

순례자는 바닥에 엎드려 정성껏 기도를 올렸어. 그리고 얼마 후에 눈을 감았단다. 그리고 원하던 대로 천국의 문 앞에 서게 됐어. 순례자는 너무 기뻐서 문지기에게 물었어.

"제가 천국에 온 것은 평생 열심히 기도한 덕분인가요?"

"아닙니다."

"그럼 고생하며 성지로 순례를 떠났기 때문인가요?"

"그것도 아니에요."

"그럼 저는 어떻게 천국에 오게 되었나요?"

그러자 문지기의 입에서 이런 이야기가 흘러나왔단다.

"어느 추운 겨울밤, 당신은 시장 골목에서 길고양이 한 마리를 만났지요. 당신은 그 고양이를 품에 안고 잠들었어요. 그 덕분에 고양이는 따뜻하게 겨울밤을 보낼 수 있었답니다. 당신이 이곳에 오게 된 것은 바로 그 때문입니다. 비록 하룻밤이지만 가엾은 고양이에게 온기를 나눠준 덕분에 이곳에 오게 된 거죠. 자, 이제 들어가세요."

문지기는 순례자를 위해 천국의 문을 활짝 열어줬단다.

생각씨앗 찾기

- 부자는 왜 순례자가 되기로 했을까?
- 길고양이를 품에 안고 잘 때 순례자의 마음은 어땠을까?
- 천국에 가려면 어떤 마음씨로 살아야 할까?

· 이렇게 대화해보세요 ·

처음엔 부모와 아이가 각자 역할을 맡아 읽고, 다음엔 역할을 바꾸어 아이가 부모의 대사를 읽게 합니다. 상대방 입장에서 묻고 답하는 동안 아이는 자연스럽게 질문하는 재미를 느껴볼 수 있을 것입니다.

엄마 순례자가 아니었다면 고양이는 어떻게 됐을까?

아이 꽁꽁 얼어 죽었을지도 몰라.

엄마 정말 다행이야. 순례자가 고양이를 꼭 안아줘서.

아이 순례자도 따뜻했을 것 같아.

엄마 그래, 어쩌면 고양이 덕분에 순례자도 살 수 있었던 게 아닐까? 그 러니까 순례자와 고양이가 서로서로 은혜를 주고받은 걸지도 몰 라. 너 정말 대단하다. 엄마는 몰랐는데.

아이 그런데 고양이를 살려주면 천국에 갈 수 있는 거야?

엄마 엄마도 잘 몰라. 하지만 추운 겨울밤에 길고양이 한 마리를 품에 안고 있으면 누구나 간절해질 것 같아.

아이 왜?

엄마 만약에 네가 순례자처럼 꽁꽁 얼어붙은 시장 골목에서 고양이 한 마리를 안고 있다면 어떤 기분이겠니?

아이 기도를 할 것 같아. 고양이를 지켜달라고, 아니 우리를 지켜달라고.

엄마 맞아, 어쩌면 그럴 땐 다른 생각들이 모두 사라지고 그냥 딱 한 가 지 생각밖에 안 들겠지? 신이 우리를 지켜줄 거라는 생각 말이야.

아이 다른 생각을 어떻게 할 수 있겠어?

엄마 사실은 엄마도 그런 경험이 있어.

아이 어떤 경험?

엄마 네가 어렸을 때 굉장히 아팠던 적이 있었어. 넌 기억이 안 날 거야. 밤새도록 열이 펄펄 끓고 힘들어했지. 병원에 데려가 약을 먹였지만 열이 쉽게 내리지 않았어.

아이 정말? 내가 그랬어?

엄마 응, 그때 엄마는 밤새도록 널 끌어안고 기도했어. 열이 내리고 다시 건강하게 해달라고 말이야. 다른 생각은 하나도 들지 않았어.

아이 그래서 어떻게 됐는데?

엄마 다음 날 아침, 네가 벌떡 일어났지. 열도 내리고 몸도 가뿐해져서 말이야.

아이 엄마 기도 덕분이네?

엄마 엄마는 순례자가 고양이를 안고 잘 때도 비슷한 기분이었을 것 같아. 어쩌면 천국에 가고 싶다는 생각조차 하지 못했을 것 같아. 그저 고양이랑 함께 무사히 아침을 맞이하고 싶다는 생각밖에는.

아이 하지만 순례자는 천국에 갔잖아. 천국에 가고 싶다는 생각조차 하지 못했는데도.

엄마 엄마 생각엔 천국이란 게 그런 것 같아. 온갖 생각이 다 사라지고, 순수하고 간절한 마음을 갖게 될 때 그 마음을 하늘이 알아보는 게 아닐까?

아이 아, 그래서 나도 엄마 기도 덕분에 나을 수 있었구나.

엄마 그래, 어쩌면 그랬던 걸지도 몰라.

- 순례자는 매일매일 어떤 기도를 했을까?
- 천국에 보내 달라고 기도하면 정말 천국에 갈 수 있을까?
- 기도보다 더 소중한 것은 무엇일까?

인문학 대화법 Tip

줄거리보다 중요한 것

어떤 이야기는 다 읽고 난 뒤에 유독 한 장면이 기억에 남을 때가 있습니다. 예전에 본 영화 중에서도 줄거리는 다 잊었지만, 주인공의 표정이나 대사만큼은 또렷이 기억에 남아있는 경우가 있죠.

줄거리를 정확히 기억한다고 해서 이야기를 잘 읽었다고 할 수 있을까요? 줄거리는 인터넷만 찾아봐도 얼마든지 알 수 있습니다. 하지만 내 가슴에 또렷이 남은 인상적인 장면, 문장, 대사는 오직 나만의 것입니다.

이 이야기에서 어떤 장면이 가슴에 남았나요? 혹시 추운 겨울밤, 시장 골목에서 길고양이를 품에 안고 잠든 순례자의 모습이 떠오르진 않나요? 그럼 그 장면에서 가능한 한 천천히, 이미지가 머리에 또렷이 그려질 때까지 머물러 보세요.

"엄마는 이 장면이 너무 좋아. 넌 어떤 장면이 좋아?"

이런 질문도 한 번 해보세요. 교훈이나 줄거리는 나중에 살펴봐도 되니까 지금은 그저 아이의 가슴에 감동의 씨앗을 심어주는 시간을 가져보세요.

아이의 생각정원 가꾸기

❶ 내가 엄마, 아빠 품에 안겨 잠을 잘 때 엄마, 아빠는 어떤 생각을 할까요?
엄마, 아빠한테 물어보고 세 가지만 적어보세요.

❷ 어떤 일을 정성껏 해본 적이 있나요? 어떤 일들인가요?

❸ 천국은 어떤 곳일까요? 생각나는 대로 적어보세요.

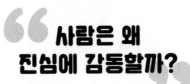

사람은 왜
진심에 감동할까?

봉황보다 귀한 마음

옛날 중국에 아주 순진한 농부가 살았어. 어찌나 순진한지 하루에도 몇 번씩 속아 넘어갈 정도야. 심지어 동네 꼬마 녀석들까지 농부를 속일 수 있었단다. 한 번은 꼬마가 농부에게 돌멩이 하나를 주면서 그랬대.

"이 돌멩이는 소원을 들어준대요. 이 돌멩이에 대고 빌면 어떤 소원이든 이루어진답니다. 저한테 다섯 냥을 주면 이 돌멩이를 드릴게요."

농부는 다섯 냥을 주고 돌멩이를 사버렸어. 정말 이렇게 순진한 바보가 또 있을까?

하루는 사냥꾼이 꿩 한 마리를 메고 가다가 농부를 만났어. 농부가 사냥꾼에게 물었지.

"그게 무슨 새요?"

사냥꾼은 아무렇지도 않게 거짓말을 했어.

"이 새는 아주 귀한 봉황이라오."

봉황이라는 소릴 듣자마자 농부는 눈이 동그래졌단다. 하긴 놀란 만도 하지. 봉황은 중국에서도 가장 귀하게 여긴다는 상상 속의 새란 말이야. 그렇게 귀한 새를 본 것만으로도 행운이거든.

"이보시오, 그 봉황을 내게 팔 수 없소?"

농부의 말에 사냥꾼이 뭐라고 했을까?

"알다시피 이 봉황은 너무 귀해서 5백 냥은 줘야 하오."

농부는 잠시 생각하더니 집으로 가서 평생 모은 돈 5백 냥을 들고 왔어. 사냥꾼은 돈을 받자마자 꿩을 내주고는 금세 어디론가 사라졌단다.

농부는 꿩을 집으로 데려와 정성껏 보살폈어. 세상에서 가장 귀한 새를 아무렇게나 놔둘 순 없잖아.

그런데 이를 어째? 다음 날 꿩이 그만 죽어버리고 말았네? 농부는 바닥에 털썩 주저앉아 엉엉 울었어. 귀한 새를 얻으려고 전 재산을 다 바쳤는데 그만 죽어버렸으니 얼마나 억울하고 원통하겠어.

"아무리 아깝고 분해도 어떡하겠나? 다 지나간 일이 잊어버리게."

이웃들이 다가와 어깨를 두드리며 농부를 위로했어. 그런데 농부가 울면서 이러는 거야.

"나는 돈이 아까워서 우는 게 아니에요."

"그럼 도대체 왜 울고 있나?"

"내 평생소원이 뭔지 아세요? 임금님께 봉황을 바치는 것이었답니다. 내가 이렇게 농사를 지으며 잘 살게 된 것도 모두 임금님 덕분이죠. 그래서 임금님 은혜에 조금이라도 보답하려고 귀한 봉황을 바치려 했던 거예요. 하지만 이제 봉황을 바칠 수 없게 됐잖아요. 그게 너무 안타까워서 이렇게 우는 거랍니다."

그날 이후로 소문이 점점 퍼져나가기 시작했어. 농부가 임금님께 바치려고 했던 봉황이 다음 날 죽었다는 이야기가 점점 번지더니 급기야 궁궐까지 흘러 들어간 거야. 소문을 전해 들은 임금님이 곧장 농부를 궁으로 불러들였어.

"그대가 내게 봉황을 바치고자 했느냐?"

"예, 하오나 지금은 봉황이 죽고 없어 원통할 뿐입니다."

"호오, 그 봉황을 얼마에 샀던고?"

"5백 냥을 주고 샀습니다."

그러자 임금님이 신하들을 부르더니 이렇게 말했단다.

"나에게 봉황을 바치려고 했던 그 진심이 참으로 갸륵하구나. 여봐라, 저 농부에게 금화 2천 냥을 내리도록 하라."

생각씨앗 찾기

• 농부는 왜 꿩을 그렇게 비싸게 주고 샀을까?
• 꿩이 죽었을 때 농부가 슬퍼했던 진짜 이유는 무엇일까?
• 임금님은 왜 농부에게 금화 2천 냥을 주었을까?

· 이렇게 대화해보세요 ·

처음엔 부모와 아이가 각자 역할을 맡아 읽고, 다음엔 역할을 바꾸어 아이가 부모의 대사를 읽게 합니다. 상대방 입장에서 묻고 답하는 동안 아이는 자연스럽게 질문하는 재미를 느껴볼 수 있을 것입니다.

아빠 지금부터 아빠랑 너랑 역할을 바꿔볼까?

아이 어떻게 하는 건데?

아빠 네가 아빠가 되고, 아빠는 네가 되는 거야. 그러니까 내가 너한테 하듯이 너도 아빠한테 질문도 하고 그래 봐.

아이 좋았어. 그럼 시작한다? 음, 아빠는 봉황이란 새를 본 적 있어?

아빠 그림으로만 봤어. 실제로 본 사람은 아무도 없을걸? 상상 속의 새니까.

아이 꿩하고 비슷하게 생기지 않았을까? 그래서 농부가 봉황인 줄 알았 잖아.

아빠 맞아. 꿩과 봉황이 비슷하게 생겼다고 생각하는 사람들도 많단다. 그러니까 농부도 꿩을 봉황이라고 생각했을 것 같아.

아이 아빠는 농부가 어떤 사람인 것 같아?

아빠 음, 순진하면서 좀 어리석은 것 같기도 해. 하지만 마음씨는 순박하 고 선하지 않을까?

아이 하지만 농부는 언제나 속기만 하잖아. 세상엔 나쁜 사람도 많으니 까 농부 같은 사람이 살아가긴 어렵지 않을까?

아빠 너 정말 아빠처럼 말하는구나?

아이 응, 왠지 어른이 된 것 같아. 그래서 어른처럼 생각하게 되는 건가?

아빠, 이거 재미있어.

아빠 아빠도 왠지 아이가 된 기분이야. 그래서 아이는 어떻게 생각하고, 어떻게 느끼는지 한 번 더 생각해보게 되네?

아이 그런데 임금님은 왜 농부에게 금화를 줬을까?

아빠 자기한테 봉황을 바치려고 했으니까.

아이 그건 봉황이 아니었잖아. 꿩이었는데? 그리고 꿩은 죽었는데?

아빠 임금님은 봉황이라고 믿었잖아.

아이 그럼 농부가 임금님을 속인 게 되네?

아빠 어, 그러네? 하지만 농부는 임금님을 속일 생각이 없었어. 죽은 꿩이 진짜 봉황이라고 생각했으니까.

아이 봉황이든 꿩이든 이미 죽은 거잖아. 그러니까 임금님한테는 그게 봉황이건 꿩이건 상관없어.

아빠 그럼 임금님은 농부의 마음만 보고 금화를 내린 거야?

아이 아마 그랬을 거야. 자신을 진심으로 존경한다는 걸 알았으니까.

아빠 그 말이 맞는 것 같아. 농부는 너무 순진해서 잘 속기도 하지만, 남들한테 없는 게 있어.

아이 그게 뭐라고 생각해?

아빠 방금 네가 말했잖아. 진심.

아이 진심?

아빠 응. 머리가 영리하고 꾀가 많은 것도 중요하지만, 사람한테는 진심이란 게 있어야 하지 않을까?

아이 다시 역할 바꾼 거야? 아빠가 아빠처럼 말하네?

- 순진한 사람은 왜 잘 속을까?

- 누군가에게 속지 않으려면 어떻게 해야 할까?

- 사람들은 왜 진심에 감동할까?

인문학 대화법 Tip

역할 바꿔 대화하기

부모와 자녀의 대화는 대체로 부모가 묻고 자녀가 답하는 식으로 이루어지기 쉽죠. 가끔은 부모와 자녀의 역할을 바꿔보세요.

"엄마는 이 이야기를 읽고 뭘 느꼈어?"

"아빠는 주인공이 어떤 사람 같아?"

아이의 질문에 최대한 정성을 다해 대답해야 합니다. 부모가 대답하는 모습에서 아이는 의외로 많은 것을 저절로 배우게 되니까요.

사실 질문이 대답보다 더 어려울 때도 많습니다. 그리고 질문할 거리를 찾기 위해 이야기를 다시 꼼꼼히 읽어봐야 할 때도 있죠.

"자, 이번엔 네가 물어볼 차례야."

이렇게 대화를 시작하면 아이는 자기도 모르게 이야기를 좀 더 세심하게 읽게 됩니다. 나아가 아이 스스로 대화의 주도권을 가져보는 경험도 누리게 되겠죠.

아이의 생각정원 가꾸기

❶ 누군가에게 속아본 적이 있나요? 언제 그랬는지, 그때 기분이 어땠는지 적어보세요.

❷ 누군가에게 진심이 담긴 선물을 해본 적이 있나요? 언제, 누구에게 선물했는지 적어보세요.

❸ 친구나 가족에게 진심을 느껴본 적이 있나요? 언제인지 떠올려보세요.

떠돌이 악사의 연주

쌩쌩 찬바람 부는 겨울밤, 늙은 떠돌이 악사가 마을로 들어왔어. 달랑 바이올린 하나만 들고 이 마을 저 마을 동냥을 다니다가 여기까지 온 거야. 젊었을 땐 사람들이 음악도 들어주고 동전도 곧잘 던져주곤 했지만, 지금은 많이 달라졌어. 모두가 거지 취급만 하거든.

"아, 추워. 이러다가 꽁꽁 얼어 죽으면 어떡하지?"

떠돌이 악사는 덜덜 떨면서 이 집, 저 집 문을 두드렸단다.

"부탁이에요. 하룻밤만 재워주세요. 딱딱한 빵조각이라도 좋으니 제발 먹을 것 좀 주세요."

하지만 아무도 문을 열어주지 않았어. 밤은 점점 깊어가고 눈까지 내리는데 정말 큰일이야. 그런데 마침 마을 변두리에 작은 성당이 보이잖

아. 악사는 살짝 문을 열고 들어갔어. 성당 안에는 아무도 없고 성모 마리아상만 덩그러니 서 있었단다.

악사는 손을 호호 불면서 성모상을 바라봤어. 그런데 기분이 참 이상해. 왠지 성모상이 자기를 가만히 내려다보는 것만 같단 말이야. 마음이 참 따뜻해지는 느낌이야.

잠시 후 악사는 슬그머니 바이올린을 꺼내 들었어. 그리고는 연주를 하기 시작했단다. 어두운 성당 안에 바이올린 선율이 잔잔하게 퍼져나갔어. 연주하는 동안 악사의 볼 위로 뜨거운 눈물이 흘러내렸단다.

어, 그런데 이게 어떻게 된 일이지? 연주가 끝나자마자 악사 앞에 황금 구두 한 짝이 툭 떨어지잖아. 악사는 깜짝 놀랐어. 성모상이 자신의 구두를 벗어준 거야.

"성모님, 감사합니다!"

악사는 이제 살았다고 생각했어. 이 황금 구두를 팔면 잠잘 곳이며 먹을 것이며 얼마든지 구할 수 있잖아.

악사는 황금 구두를 들고 곧장 보석 가게로 달려갔단다. 하지만 이를 어째? 보석 가게 주인은 늙은 악사를 그만 경찰에 신고하고 말았어. 거지 노인이 성모상의 구두를 훔쳤다고 생각한 거야.

"아닙니다. 성모상이 구두를 벗어준 거예요!"

악사가 아무리 외쳐도 믿는 사람이 있어야 말이지. 악사는 이제 꼼짝없이 벌을 받게 생겼어.

다음 날 경찰은 악사를 꽁꽁 묶어 재판장으로 끌고 갔어. 악사 뒤로 구경꾼들이 모여들기 시작했단다. 그런데 가다 보니 어젯밤 그 성당 앞을 지나게 됐지 뭐야. 악사는 경찰에게 간절하게 부탁했어.

"마지막으로 성모님을 위해 바이올린을 연주하고 싶습니다."

경찰은 마지못해 악사의 마지막 소원을 들어주기로 했어. 악사는 낡은 바이올린을 들고 연주를 시작했단다. 너무도 아름답고 슬픈 선율에 다들 넋을 잃었지 뭐야. 마침내 연주가 끝났을 때 경찰도, 구경꾼들도 깜짝 놀라고 말았어. 성모상이 나머지 구두 한 짝을 벗어서 악사 앞에 살짝 떨어뜨려 줬거든.

"기적이다, 기적이야!"

사람들은 너도나도 성모상 앞에 엎드려 기도를 올렸어.

악사는 어떻게 됐냐고? 당연히 풀려났지. 그 뒤로 성당의 악사가 되어 마을 사람들에게 오래오래 바이올린을 연주해 주었단다.

생각씨앗 찾기

- 떠돌이 악사는 성당에서 왜 바이올린을 연주했을까?
- 성모상을 위해 바이올린을 연주할 때 악사의 마음은 어땠을까?
- 보석 가게 주인은 왜 악사를 경찰에 신고했을까?

처음엔 부모와 아이가 각자 역할을 맡아 읽고, 다음엔 역할을 바꾸어 아이가 부모의 대사를 읽게 합니다. 상대방 입장에서 묻고 답하는 동안 아이는 자연스럽게 질문하는 재미를 느껴볼 수 있을 것입니다.

엄마 우리 동네 공원에 천사 조각상 있는 거 아니?

아이 응, 알아.

엄마 한번은 엄마가 밤에 그 천사상 앞을 지나다가 이상한 느낌을 받은 적이 있어.

아이 어떤 느낌?

엄마 왠지 천사상이 나한테 말을 거는 것 같았어.

아이 정말? 천사상이 뭐라고 말했는데?

엄마 '너무 걱정할 필요 없어요. 다 잘될 거니까.' 이렇게 말하는 것 같았어. 난 천사상 앞에 한참 서 있었단다. 그런데 갑자기 천사상이 내게 한쪽 눈을 찡긋하더니 미소를 짓는 거야.

아이 정말? 정말?

엄마 그게 정말인지 아닌지는 증명할 수가 없어. 하지만 엄마는 확실히 그렇게 느꼈고, 그때부터 신기하게도 걱정이 사라지는 것 같았어.

아이 와, 대박! 엄마한테 기적이 일어난 거야, 기적이!

엄마 너도 기적을 믿니?

아이 응, 믿어.

엄마 그럼 혹시 너한테도 기적이 일어난 적 있니?

아이 아직은 없는 것 같아.

엄마 그런데 어떻게 기적을 믿어?

아이 기적이란 게 없다면 '기적'이란 말이 생길 수가 없잖아.

엄마 듣고 보니까 정말 그렇네. 직접 경험하진 않았지만, 그래도 있다고 믿을 수는 있구나. 그럼 신을 믿는 사람도 같은 생각이겠다, 그렇지?

아이 응, 신을 직접 보진 않았지만, 신이 있다고 믿을 수는 있을 것 같아.

엄마 그렇구나. 그럼 세상엔 두 종류의 사람이 있겠다. 신을 믿는 사람과 안 믿는 사람이 있는 것처럼 기적을 믿는 사람과 안 믿는 사람이 있겠지?

아이 엄마랑 나는 기적을 믿는 사람이야.

엄마 맞아. 눈에 보이지 않는다고 해서 딱 잘라서 없다고 말할 수는 없거든. 기적도 마찬가진 것 같아.

아이 그런데 기적을 안 믿는 사람은 왜 그런 거야?

엄마 어쩌면 그 사람들도 살다가 기적 같은 일을 경험하게 되면 믿게 될지도 몰라.

아이 기적 같은 일?

엄마 응, 예를 들면 너무 힘들고 괴로워서 도저히 살기 힘들다고 느낄 때 뜻밖에 행운이 찾아오거나 누군가에게 큰 도움을 받을 수 있잖아. 그 사람에겐 그게 기적처럼 느껴질 수도 있을 거야.

아이 그럼 난 언제나 기적이 있다고 믿으면서 살 거야.

엄마 엄마도 그래.

- 기적이란 무엇일까?
- 성모상은 왜 악사에게 황금 구두를 벗어줬을까?
- 진심이 통한다는 말은 무슨 뜻일까?

키워드로 상상해보기

어떤 이야기는 하나의 단어로 주제가 명확히 드러나기도 합니다. 가령 앞의 이야기에서는 '기적'이라는 단어를 쉽게 찾을 수 있습니다. 아이는 당연히 물어보겠죠.

"아빠, 기적이 뭐야?"

그럼 이제 기적이라는 단어가 대화의 재료가 됩니다. 상상으로만 가능했던 일, 일상에서 쉽게 벌어지기 힘든 놀라운 일들에 관해 이야기를 나눌 수 있겠죠. 나아가 소망을 품고 진심으로 노력하면 마침내 기적이 이루어진다는 이야기로까지 발전할 수도 있습니다.

이렇게 하나의 단어를 중심에 놓고 대화를 나누다 보면 아이의 머릿속에 그 단어가 깊이 각인되겠죠. 이야기 한 편을 읽고 난 뒤에 평생 잊지 못할 단어 하나를 가슴에 새길 수 있다면 이 또한 의미 있는 시간이 아닐까요?

아이의 생각정원 가꾸기

❶ 혹시 기적 같은 일을 경험한 적이 있나요? 언제였는지 잘 생각해보세요.

✎ _____

_____

❷ 지금 어떤 소망을 간직하고 있나요? 그 소망이 이루어지게 해달라고 간절히 기도해본 적이 있나요?

✎ _____

_____

❸ 어떤 기적이 일어나면 좋을까요? 내가 생각하는 가장 놀라운 기적을 한 번 상상해보세요.

✎ _____

_____

좋은 세상은 어떻게 만들어질까?

📖 나무 심는 노인

마을에 버려진 땅이 있었어. 꽤 넓은 땅이었지만, 바위투성이에 흙도 메말라서 아무도 거들떠보지 않는 땅이야. 어느 날부터 한 노인이 와서 곡괭이로 땅을 파기 시작했어. 자잘한 돌멩이들은 멀리 치워버리고, 무거운 바위도 낑낑거리며 옮기더란 말이지. 그렇게 하루 이틀 지날수록 땅은 점점 평평해졌어.

노인은 온종일 땀을 흘려가며 땅을 일구기 시작했단다. 그리고 냇가에서 물을 길어와 땅에 뿌리기도 했어. 흙먼지 날리던 땅이 점점 촉촉해졌겠지? 정말 정성이 이만저만이 아니야. 어찌나 정성을 들였는지 그 쓸모없던 땅도 이젠 제법 어엿한 밭으로 변해갔어.

어느 날 노인은 넓은 밭을 둘러보며 중얼거렸어.

"자, 이젠 나무를 심을 차례구나."

그때부터 노인은 이른 아침부터 해가 저물 때까지 나무를 심고 또 심었어. 이마에서 땀방울이 줄줄 흘러내리고, 허리가 아파서 제대로 펴지도 못할 정도였지만 노인은 쉬지 않았어.

하루는 그 모습을 지켜보던 젊은이가 노인에게 다가왔어.

"어르신, 제가 좀 도와드릴까요?"

"고맙네, 젊은이."

젊은이는 노인을 도와서 나무를 심기 시작했어. 그러다 문득 궁금해져서 이렇게 물었단다.

"그런데 어르신, 이 나무가 자라서 열매를 맺기까지 시간이 얼마나 걸릴까요?"

노인은 미소를 지으며 말했어.

"아무리 빨라도 한 30년은 걸리지 않을까?"

"30년이요?"

젊은이는 노인의 주름진 얼굴을 바라보며 다시 물었어.

"30년 뒤에 어르신께서 그 열매를 드실 수 있을까요?"

노인은 껄껄 웃었어.

"예끼, 이 사람아. 이 늙은이가 그때까지 어떻게 살겠나?"

"아니, 그런데 왜 힘들게 나무를 심으세요?"

그랬더니 노인은 젊은이를 지그시 바라보며 이렇게 말했어.

"내가 아주 어렸을 때 우리 집 뒷마당에 과일나무가 몇 그루 있었다네. 덕분에 나는 과일을 실컷 따 먹으며 자랐지. 그 나무들은 내가 태어나기 훨씬 전에 우리 할아버지가 심으신 거라네. 할아버지가 돌아가신 다음엔 우리 아버지가 나무를 심었고, 나는 그 열매도 많이 따 먹었더랬지. 나는 지금 할아버지와 아버지가 했던 일을 하고 있을 뿐이라네. 이 나무들이 자라서 열매가 열릴 때쯤이면 우리 손자, 손녀들이 따 먹을 수 있지 않겠나?"

노인의 말이 끝난 뒤에도 젊은이는 한동안 고개를 들지 못했어. 그날 젊은이는 해가 저물 때까지 노인 곁에서 함께 나무를 심었단다.

생각씨앗 찾기

- 젊은이는 왜 나무가 언제쯤 열매 맺을 것 같냐고 물었을까?
- 노인은 30년 뒤에 열매를 따 먹을 수 있을까?
- 노인은 왜 나무를 심었을까?

· 이렇게 대화해보세요 ·

처음엔 부모와 아이가 각자 역할을 맡아 읽고, 다음엔 역할을 바꾸어 아이가 부모의 대사를 읽게 합니다. 상대방 입장에서 묻고 답하는 동안 아이는 자연스럽게 질문하는 재미를 느껴볼 수 있을 것입니다.

아이 아빠도 나무 심어본 적 있어?

아빠 어릴 때 뒷산에서 심어봤어.

아이 뒷산이 어딘데? 그 나무, 지금도 있어?

아빠 응, 시골에 있어.

아이 우리 동네 나무들도 전부 누가 심어놓은 거야?

아빠 가로수들은 대부분 누가 심었겠지? 처음에는 아주 작고 어린나무였지만, 너처럼 쑥쑥 자라서 저렇게 커진 거야.

아이 난 저 나무들이 원래부터 그냥 있는 건 줄 알았어.

아빠 이 세상에 원래부터 있었던 건 거의 없어. 우리 동네 집들이나 학교, 찻길, 오솔길, 벤치, 가로등, 전부 다 오래전에 누군가 열심히 일해서 만들어준 거야.

아이 그 사람들 지금 다 어디 있어?

아빠 벌써 세상을 떠난 분들도 있고, 이젠 나이가 들어 편히 쉬는 분들도 있겠지. 왜? 인사하려고? 꼭 그럴 필요는 없어.

아이 고맙습니다, 해야지.

아빠 고마운 마음만 간직하고 있어도 충분해. 또 그분들이 그랬던 것처럼, 너도 커서 세상에 보탬이 되는 일을 하면 되는 거야.

아이 아빠도 세상에 보탬이 되는 일을 해?

아빠 글쎄, 듣고 보니 너무 거창한 것 같네. 작은 예를 들어볼까? 저번 주말에 아빠가 등산 다녀왔잖아. 그런데 산길에 쓰레기가 버려져 있어서 다 주워 가지고 내려왔어. 그럼 다음에 산에 오를 사람들이 좀 더 기분 좋게 올라가겠지?

아이 아, 다른 사람들을 위해서?

아빠 응, 깨끗해진 산길처럼, 아빠는 너희들이 살아갈 세상이 지금보다 좀 더 좋은 세상이 되면 좋겠어.

아이 난 우리 동네가 좋아. 마을 공원도 좋아.

아빠 공원에 예쁜 벤치가 있잖아. 그 벤치는 누가 그렇게 예쁘게 색칠해 놨을까?

아이 그림을 좋아하는 사람이 칠했을 것 같아.

아빠 아무 색깔 없는 벤치보다 예쁜 꽃무늬가 있으면 훨씬 보기 좋으니까? 그래서 사람들이 더 기분 좋게 앉을 수 있으니까?

아이 응, 그 사람 덕분에 공원이 더 예뻐진 것 같아. 우리 동네 광장에 있는 조각상도 멋있어. 그 옆에 꽃밭도.

아빠 그러고 보면 우리 주변에 고마운 것들이 참 많은 것 같지 않니?

아이 응, 걸어 다닐 때마다 '고맙습니다, 감사합니다.'라고 인사해야 할 것 같아.

- 노인의 말이 끝난 뒤에 젊은이는 왜 한동안 고개를 들지 못했을까?
- 남을 배려한다는 말은 무슨 뜻일까?
- 우리가 사는 세상이 점점 더 좋아지려면 어떻게 해야 할까?

인문학 대화법 Tip

주변 사물을 소재로 이야기 나누기

아이와 공원을 산책할 때 나무가 보이면 한 마디 던져보세요. "저 나무는 누가 심었을까?" 예쁜 오솔길이 나오면 "이 길은 누가 이렇게 예쁘게 닦아 놨을까?"라고 말해보세요.

모든 사물은 나름의 역사와 사연을 지니고 있습니다. 눈앞에 펼쳐진 세상의 요소요소들이 원래부터 그렇게 있었던 게 아니라 누군가의 손과 땀, 정성으로 생겨났을 거라는 상상을 함께 나눠보세요.

"저 벤치를 만들 때 사람들 기분이 어땠을까?"

"저 가로등이 없었다면 얼마나 어두웠을까?"

당연한 것들이 당연한 게 아니고, 사실은 참 고마운 거라는 생각이 들지 않을까요?

아이의 생각정원 가꾸기

❶ 내가 아닌 다른 사람을 위해 힘들게 일한 적이 있나요? 언제, 왜 그랬는지
적어보세요.

✎ _____

_____

❷ 산이나 공원에서 쓰레기를 본 적이 있나요? 그때 어떤 기분이었는지 떠올
려보세요.

✎ _____

_____

❸ 우리 주변에 없어서는 안 될 고마운 사람들을 생각나는 대로 적어보세요.

✎ _____

_____

"욕심은 왜 끝이 없을까?"

농부가 차지한 땅

북쪽 먼 나라에 아주 큰 왕국이 있었어. 임금님은 늘 마차에 올라 넓은 땅을 바라보며 흐뭇한 표정을 짓곤 했단다. 그런데 하루는 바퀴가 그만 진흙에 푹 빠지는 바람에 마차가 크게 기울고 말았어. 그때 어디선가 농부 하나가 냉큼 달려와 마차를 꽉 붙잡았단다. 덕분에 임금님은 하나도 안 다쳤어.

"고맙구나. 은혜에 보답하고 싶으니 소원을 말해보아라."

임금님은 정말로 그 농부가 고마웠던 모양이야.

농부는 고개를 조아리며 이렇게 말했어.

"다른 건 필요 없습니다. 그저 농사지을 밭뙈기 하나만 있으면 됩니다."

"왕을 구해준 자에게 고작 밭뙈기 하나라고? 아니지, 더 크고 넓은 땅을 줘야지. 동이 틀 때부터 해가 질 때까지 너의 발이 닿는 만큼 땅을 주겠노라."

농부는 깜짝 놀랐어. 발이 닿는 만큼 땅을 주겠다니 얼마나 좋아?

다음 날 아침, 농부는 동이 트자마자 달리기 시작했단다. 멀리, 더 멀리 갈수록 넓은 땅을 차지할 수 있잖아. 그래서 쉬지 않고 달린 거야.

'천천히, 천천히 달려야 해. 그래야 더 멀리 갈 수 있으니까.'

하지만 농부의 걸음은 점점 빨라졌어. 조금이라도 넓은 땅을 차지하려다 보니 마음이 급해진 거야.

헉헉, 숨이 가빠도 꾹 참았어. 꼬르륵꼬르륵, 배가 고파도 꾹 참았어. 쨍쨍 해가 내리쬐고 땀이 줄줄 흘러도 꾹 참았단다. 목이 말라 죽을 지경이었지만 잠시도 멈출 수 없었어.

'조금만, 조금만 더 가는 거야. 조금만 더 참으면 이 땅이 전부 내 거란 말이야!'

농부는 쉬지 않고 들판을 가로질렀어. 발가락이 갈라져서 피가 흐르고, 무릎이 아파서 죽을 지경이야. 그래도 농부는 멈추지 않았어.

'이제 얼마 남지 않았어. 조금만 더 힘을 내자!'

입이 바싹 마르고 눈앞이 희미해져도 농부는 걸음을 멈추지 않았단다.

문득 서쪽 하늘을 보니 어느덧 해가 지기 시작했어.

'해가 지기 전에 한 발짝이라도 더 차지해야 해!'

농부는 죽을힘을 다해 뛰었어.

마침내 해가 지는 순간, 농부도 바닥에 푹 쓰러지고 말았단다.

'됐어, 이 정도면 충분해.'

농부는 종일 달려온 땅을 되돌아보며 눈을 감았어. 그리고 다시는 눈을 뜨지 못했단다. 너무 지치고 힘들어서 그만 숨이 끊어졌지 뭐야. 그 넓은 땅을 놔둔 채 영영 하늘나라로 가버린 거야.

생각씨앗 찾기

- 밭뙈기 하나만 바라던 농부가 왜 그렇게 욕심을 냈을까?
- 농부는 언제쯤 걸음을 멈춰야 했을까?
- 왕은 농부가 어떻게 될지 알고 있었을까?

처음엔 부모와 아이가 각자 역할을 맡아 읽고, 다음엔 역할을 바꾸어 아이가 부모의 대사를 읽게 합니다. 상대방 입장에서 묻고 답하는 동안 아이는 자연스럽게 질문하는 재미를 느껴볼 수 있을 것입니다.

아이 농부는 참 어리석은 사람 같아.

아빠 왜 그렇게 생각하니?

아이 처음엔 밭뙈기 하나만 있으면 된다고 했으면서 나중엔 땅을 더 많이 차지하려고 죽을 때까지 달렸잖아.

아빠 맞아. 땅을 많이 차지할수록 점점 더 부자가 된다는 생각 때문에 욕심을 부렸지. 그런데 농부가 처음부터 그렇게 어리석었을까?

아이 욕심이 생기기 전엔 그냥 평범한 농부였을 것 같아.

아빠 아빠도 너랑 같은 생각이야. 사실 욕심에 눈이 멀게 되면 누구나 어리석게 변하곤 해.

아이 난 어리석은 사람이 되고 싶지 않은데.

아빠 아빠도 그래. 그래서 뭔가를 원할 때마다 스스로 물어보곤 해. 내가 지금 욕심을 부리는 건 아닐까 하고 말이야.

아이 그게 욕심인지 아닌지 어떻게 알 수 있어?

아빠 사전에서 찾아볼까? 욕심이 무슨 뜻인지.

아이 '분수에 넘치게 무엇을 탐내거나 누리고자 하는 마음'이라고 돼 있어. 그런데 분수에 넘친다는 게 무슨 뜻이야?

아빠 예를 들어볼까? 여기 두 사람이 있어. 둘 다 쌀 한 가마니를 간절히 원한단 말이야. 그래서 첫 번째 사람은 여름 내내 열심히 일해서 쌀 한 가마니를 수확했어. 그런데 두 번째 사람은 아무 일도 하지 않았으면서 남이 수확한 쌀을 탐내는 거야. 누가 욕심을 부리는지 확실히 알겠지?

아이 그거야 당연하지. 두 번째 사람이 욕심쟁이잖아.

아빠 맞아. 첫 번째 사람은 쌀 한 가마니를 가질 자격이 있지. 열심히 노력했으니까. 하지만 두 번째 사람은 자격이 없으면서 쌀을 갖고 싶어 했으니까 욕심을 부린 거지.

아이 아, 그러니까 뭔가를 갖고 싶으면 그걸 가질 만한 노력을 해야 하는구나.

아빠 그래 맞아. 사람은 누구나 뭔가를 갖고 싶고 누리고 싶어 하잖아. 그때마다 스스로 물어보는 거야. 그게 나에게 꼭 필요한 건지, 꼭 필요하다면 어떻게 해야 얻을 수 있을지 말이야.

아이 이야기에 나오는 농부는 그런 질문을 해봤을까?

아빠 글쎄, 잘 모르겠는걸? 다시 한 번 읽어보면 알 수 있지 않을까? 이번엔 네가 아빠한테 읽어주면 좋겠어. 네 목소리로 듣고 싶거든.

아이 응, 알았어. 천천히 읽어줄게.

- 내가 농부라면 어떻게 했을까?

- 많은 땅을 가지면 정말 행복할까?

- 나는 욕심이 많은 편일까? 아니면 욕심을 부리지 않는 편일까?

인문학 대화법 Tip

다시 읽어주기

처음에는 부모가 이야기를 읽어준 뒤에 아이와 대화를 나눕니다. 충분히 대화를 나누고 나면 이번에는 아이에게 이야기를 한 번 읽어달라고 해보세요. 이야기에 대한 느낌과 생각을 서로 나눈 직후이기 때문에 읽는 맛도 달라집니다.

아이가 한 문장씩 읽을 때마다 고개를 크게 끄덕이거나 놀란 표정을 지어보는 것도 좋겠죠. 아이가 다 읽고 나면 박수를 치며 칭찬해주세요. "와, 네 목소리로 들으니까 이야기가 훨씬 재밌구나!" 하고 말이죠.

이 과정이 자연스럽게 반복된다면 아이는 점점 단어를 또박또박 읽거나 긴 문장을 편하게 읽게 되지 않을까요? 또 낯선 단어들을 되풀이해서 읽다 보면 점점 자연스러워지고, 그 단어들이 품고 있는 의미까지 저절로 익히게 됩니다. 나아가 자기 발음으로 문장을 완성하는 습관도 익히게 되죠.

아이의 생각정원 가꾸기

❶ 욕심을 내는 바람에 낭패를 본 적이 있나요? 언제 그랬는지 세 가지만 적어
보세요.

❷ 먹고 싶은 것, 하고 싶은 것을 꾹 참아본 적이 있나요?

❸ 운동이나 공부, 게임, 노래 등등 앞으로 더 잘하고 싶은 것이 있나요? 그것
을 잘하려면 어떻게 해야 할까요?

"희망이란 무엇일까?"

좋은 일과 나쁜 일

한 나그네가 나귀와 개를 데리고 길을 떠났어. 그런데 마을에 도착하기도 전에 날이 어두워졌지 뭐야. 나그네는 두리번두리번 잠잘 곳을 찾다가 들판에 버려진 헛간을 발견했어.

"잘 됐다. 오늘은 저기서 묵어가자꾸나."

나그네는 헛간에 들어가 몸을 뉘었어. 바깥이 조용한 걸 보니 나귀와 개는 벌써 잠들었나 봐. 종일 걸어서 피곤했던 모양이야. 하지만 나그네는 아직 잠자기엔 좀 이른 시간이라 등불을 켜고 책을 읽기 시작했단다.

그때 갑자기 바람이 휙 불어와 등불이 꺼지고 말았어.

'다시 불을 켤까 말까? 에이, 귀찮은데 그냥 자자.'

나그네는 그대로 잠이 들었어. 코까지 골면서 말이야. 그런데 그날

밤, 아주 무서운 일이 벌어졌어. 커다란 여우가 와서 개를 콱 물어 죽였지 뭐야. 그뿐만이 아니야. 다음엔 사자가 불쑥 나타나서 나귀를 덥석 물고는 멀리 달아나버렸어. 밖에서 그런 일이 벌어졌는데도 나그네는 아무것도 모른 채 쿨쿨 잠을 자고 있었던 거야.

다음 날 아침, 나그네는 기가 막혀서 말도 안 나왔어. 하룻밤 사이에 아끼던 길동무들을 한꺼번에 다 잃었으니 얼마나 슬프겠어.

나그네는 땅을 파서 개를 고이 묻어주고는 혼자 터벅터벅 길을 떠났어. 나귀가 짊어지고 있던 짐을 혼자 다 지고 가느라 여간 힘든 게 아니야. 걷다가 쉬다가 하면서 나그네는 가까스로 마을 입구에 도착했어. 그런데 이게 웬일이야? 마을 곳곳에서 검은 연기가 막 솟아오르고 있잖아?

"마을에 무슨 일이 생긴 거지?"

마을로 들어서자마자 나그네는 깜짝 놀라고 말았어. 집들은 온통 불에 타서 잿더미로 변했고, 사람이라곤 한 명도 보이지 않았거든. 나그네는 너무 두렵고 놀라서 가슴이 쿵쿵 뛰었어.

"세상에, 어떻게 이런 일이?"

그때 무너진 기둥 사이에서 한 남자가 비틀거리며 걸어왔어.

"이보세요. 대체 마을에 무슨 일이 생긴 거죠?"

나그네가 얼른 다가가 물었지. 남자는 고개를 절레절레 흔들면서 이렇게 말했단다.

"간밤에 산적 떼가 들이닥쳤지 뭐요. 아주 무섭고 난폭한 놈들이었소. 놈들은 닥치는 대로 불을 지르더니 마을 사람들을 모조리 납치해갔다오."

"산적들은 언제 떠났나요?"

"아침까지 난동을 부리다 조금 전에 떠났다오. 당신도 조금만 더 일찍 도착했더라면 큰일 날 뻔했소."

남자의 이야기를 듣는 동안 나그네는 점점 등골이 서늘해졌어. 자기도 산적들에게 얼마든지 봉변을 당할 수 있었거든.

'그래, 어젯밤에 등불이 꺼지지 않았더라면 산적들이 나를 발견했겠지? 그리고 또 개가 살아 있어서 마구 짖어댔다면 그 소릴 듣고 산적들이 몰려왔을 거야. 그뿐만이 아니지. 나귀가 살아 있었다면 지금보다 훨씬 일찍 마을에 도착했을 거야. 그럼 나도 산적들한테 잡혀갔겠지.'

나그네는 불에 타버린 마을을 바라보며 한참 생각했어. 오늘 아침까지만 해도 개와 나귀를 다 잃고 슬픔에 빠져 있었지만, 이젠 슬픔보다 희망 같은 게 느껴졌어. 왜냐고? 아무리 나쁜 일이라도 얼마든지 좋은 일로 바뀔 수 있다는 걸 알았거든.

생각씨앗 찾기

- 등불이 바람에 꺼졌을 때 나그네는 어떻게 했나요?
- 나그네가 잠자는 동안 어떤 일이 벌어졌나요?
- 등불이 꺼지지 않았더라면 나그네는 어떻게 됐을까요?

처음엔 부모와 아이가 각자 역할을 맡아 읽고, 다음엔 역할을 바꾸어 아이가 부모의
대사를 읽게 합니다. 상대방 입장에서 묻고 답하는 동안 아이는 자연스럽게 질문하는
재미를 느껴볼 수 있을 것입니다.

엄마 하룻밤 사이에 나그네한테 참 안 좋은 일들이 많이 생겼던 것 같
아. 개랑 나귀를 다 잃었잖아.

아이 응, 그런데 개랑 나귀가 살아 있었으면 나그네도 산적들한테 잡혀
갔을 거야.

엄마 맞아. 그러고 보면 나쁜 일이 꼭 나쁜 일만은 아닌 것 같아. 당장은
나쁜 일처럼 보여도 오히려 그 덕분에 나중에 더 좋은 일이 생길
수도 있잖아. 안 그래?

아이 음, 잘 모르겠어.

엄마 예를 들어볼까? 너 학교에서 우산 잃어버린 적 있지?

아이 응, 내가 아끼던 우산이었어. 정말 속상했어.

엄마 하지만 같은 반 아이와 함께 우산을 쓰고 왔잖아. 그리고 지금은
그 아이와 너는 절친한 친구가 되었지?

아이 응, 그때 우산 같이 쓰고 오면서 친해졌어.

엄마 그럼 우산 잃어버린 게 나쁜 일이기만 할까?

아이 아, 그런 거구나. 처음에는 나쁜 일인 것 같은데 나중에 보면 그 덕
분에 너무 좋은 일이 생겼어.

엄마 우리 이참에 반전 게임 해볼까?

아이 반전 게임이 뭐야?

엄마 방금 엄마가 만든 건데, 네가 먼저 나쁜 일을 얘기하면 엄마는 그 덕분에 더 좋은 일이 생긴다는 식으로 얘기를 완성하는 거야.

아이 재미있겠다! 내가 먼저 해볼게. 음, 스마트폰을 떨어뜨려서 액정이 다 깨져 못 쓰게 됐어.

엄마 그래서 대리점에 갖고 갔더니 싼값에 최신형 스마트폰으로 보상해 줬어.

아이 정말?

엄마 응, 지금 엄마가 쓰고 있잖아.

아이 그럼 이런 건 어때? 엘리베이터 공사 때문에 일주일 동안 힘들게 계단으로 다녀야 해.

엄마 그런데 그 덕분에 다리도 튼튼해지고 살도 조금 빠졌어. 엄마는 그 때 3kg이나 줄였지 뭐야.

아이 음, 그럼 이런 것도 돼? 작년에 삼촌이 회사를 그만두고 시골로 내려갔잖아. 그래서 엄마, 아빠가 밤새 걱정했지? 그건 나쁜 일 아니야?

엄마 아, 너 모르는구나? 얼마 전에 삼촌이 새로 사업을 시작했대. 시골에서 나는 농산물로 유기농 과자를 만들었는데 반응이 정말 좋은가 봐.

아이 이야, 이런 게 반전이야? 재미있어!

엄마 거봐. 그러니까 나쁜 일이 생겼을 때 마냥 괴로워할 필요는 없을 것 같아. 어쩌면 더 좋은 일이 생길 수도 있으니까. 희망이란 건 바로 이런 게 아닐까? 더 좋은 일이 생길 거라는 믿음 말이야.

아이 그럼 정말로 나쁜 일이란 건 없는 거야?

엄마 어쩌면 안 좋은 일이 닥쳤을 때 아무런 희망도 없이 그저 괴로워하고 절망하는 게 진짜 나쁜 일 아닐까?

아이 맞아. 나쁜 일이란 건 없어.

- 나그네가 잃은 것은 무엇이고, 얻은 것은 무엇일까?
- 이 이야기에서 나쁜 일은 무엇이고, 좋은 일은 무엇일까?
- 나그네는 그 이후로 어떻게 살았을까?

인문학 대화법 Tip

반전의 재미를 즐기는 대화

이 이야기는 '좋은 것이 늘 좋은 것만은 아니고, 나쁜 것이 늘 나쁜 것만은 아니다'라는 다소 철학적인 주제를 품고 있습니다. 이런 주제를 온전히 받아들이기에는 아이가 아직 어리기 때문에 일상 속에서 다양한 사례를 찾아 함께 대화해볼 필요가 있겠죠. 그런 사례를 가지고 아이와 함께 반전의 재미를 즐기는 대화를 해보면 어떨까요?

먼저 아이가 "소파에 커피를 쏟는 바람에 걸레로 구석구석 닦아야 했어."라고 말하면, 엄마는 "그런데 소파 밑에서 만 원짜리 한 장을 찾아냈어."라고 반전을 만들어내는 식이죠.

"마음씨 나쁜 주인이 강아지를 길에 버렸어."

"그런데 마침 강아지를 너무 갖고 싶어 하는 할머니가 강아지를 집으로 데려갔어."

이렇게 마치 게임을 하듯 한 문장씩 반전 대화를 나누다 보면 이 이야기가 지닌 주제에 좀 더 쉽고 편하게 다가갈 수 있지 않을까요?

아이의 생각정원 가꾸기

❶ 처음에는 나쁜 일인 줄 알았는데 나중에 더 좋은 결과로 돌아온 적이 있나요? 언제 그랬는지 잘 생각해보세요.

❷ 어렵고 힘든 일을 잘 이겨낸 적이 있나요? 언제였는지 잘 생각해보세요.

❸ 지금 걱정되는 일이 있나요? 가장 걱정되는 일을 적어보세요. 그리고 그 걱정거리가 말끔히 사라진다고 생각해보세요.

몸과 마음을 내 마음대로 다룰 수 있을까?

넌 어떻게 생각해?

우리는 얼마나 솔직할까?

함께 살아가려면 어떻게 해야 할까?

사람의 마음을 이어주는 것은 무엇일까?

나와 너 사이에 있어야 할 것은 무엇일까?

우리는 서로 얼마나 가까울까?

작은 선행이 세상을 얼마나 바꿀 수 있을까?

우리는 왜 망설일까?

3장

사회성이 있는 아이는 세상과 잘 어울린다

몸과 마음을
내 마음대로 다룰 수 있을까?

전갈과 개구리

전갈 한 마리가 냇가에서 발을 동동 구르고 있었어. 전갈이 어떤 녀석인지 알지? 꼬리에 무시무시한 독침이 달려있어서 아주 커다란 동물들도 무서워하는 그런 녀석이야. 그런데 그 무서운 전갈도 냇물 앞에서는 맥을 못 추는 것 같아. 헤엄을 못 치거든.

'어떡하지? 어두워지기 전에 이 냇물을 얼른 건너야 할 텐데.'

그때 마침 물 위로 개구리 한 마리가 나타났어. 멋지게 헤엄을 치면서 말이야.

전갈은 속으로 잘 됐다, 하면서 개구리에게 부탁했단다.

"개구리야, 개구리야! 저 냇물 건너편까지 나 좀 태워줄래?"

개구리가 뭐라고 했을까?

뭐라고 하긴, 그냥 펄쩍 뛰었지.

"말도 안 돼! 너를 태웠다간 독침에 쏘여 죽을 게 뻔한데?"

개구리는 전갈 꼬리에 달린 뾰족한 침을 가리켰어. 그러자 전갈은 웃으면서 이렇게 말했단다.

"개구리야, 잘 생각해보렴. 내가 독침을 왜 쏘겠니? 독침을 쐈다간 나도 물에 빠져 죽을 텐데? 날 믿어줘."

개구리는 곰곰이 생각해봤어. 듣고 보니 그 말도 맞거든. 그래서 결국 전갈을 태워주기로 했단다. 개구리는 전갈에게 등을 살짝 내밀며 말했어.

"조심조심 올라타. 실수로라도 독침을 쏘면 절대 안 돼!"

"알았어, 알았어! 걱정하지 마."

전갈은 개구리 등에 얌전히 올라탔단다.

개구리는 전갈을 등에 태우고 살살 헤엄치기 시작했어.

바람도 살랑살랑 불어오고 경치도 참 좋아. 전갈은 기분이 점점 좋아졌어. 꼭 뱃놀이하는 기분이었거든.

그런데 냇물 한가운데쯤 왔을 때였나? 갑자기 바람이 세게 불더니 물결이 크게 일잖아. 전갈은 더럭 겁이 났어.

"개구리야! 너무 무서워! 물에 빠질 것 같아!"

"전갈아, 너 이제 보니까 겁이 많구나? 걱정할 것 없어. 이 정도 물결쯤은 얼마든지 넘을 수 있어."

그러면서 개구리는 다리를 쭉쭉 뻗으며 멋지게 헤엄쳤단다.

그때였어. 아까보다 훨씬 더 큰 물결이 몰려온 거야. 이번엔 개구리도 놀랐어. 몸이 둥실 떠오르는 것 같았거든.

그런데 갑자기 등이 따끔하더니 온몸이 뻣뻣해지잖아. 전갈이 깜짝 놀라서 자기도 모르게 침을 쏘고 만 거야.

"앗 따가워! 전갈아, 너 왜 그랬어? 왜?"

개구리는 엉엉 울면서 전갈에게 막 소리를 질렀어.

"미안, 미안! 정말 미안해! 나도 모르게 그만 독침을 쐈나 봐. 아아, 내가 왜 그랬을까? 내가 왜 그랬을까?"

하지만 이미 늦었어. 개구리 몸이 뻣뻣해지더니 물속으로 가라앉기 시작한 거야. 전갈도 덩달아 물에 가라앉으면서 엉엉 울었어.

"아아, 내가 왜 그랬을까? 내가 왜 독침을 쏘았을까?"

꼬르륵꼬르륵!

전갈과 개구리는 물속으로 영영 가라앉고 말았단다.

생각씨앗 찾기

- 전갈은 왜 개구리에게 독침을 쏘았을까?
- 전갈은 왜 그렇게 무서운 침을 갖고 있을까?
- 전갈과 개구리 중에서 누가 더 어리석을까?

• 이렇게 대화해보세요 •

처음엔 부모와 아이가 각자 역할을 맡아 읽고, 다음엔 역할을 바꾸어 아이가 부모의 대사를 읽게 합니다. 상대방 입장에서 묻고 답하는 동안 아이는 자연스럽게 질문하는 재미를 느껴볼 수 있을 것입니다.

아이 전갈이 나빴어.

아빠 왜?

아이 바보같이 개구리한테 독침을 쐈잖아.

아빠 전갈도 독침을 쏘고 싶진 않았다잖아.

아이 그런데 왜 찔러? 독침으로 개구리를 찔러서 둘 다 죽었잖아. 전갈은 정말 바보야.

아빠 그래, 그렇긴 한데, 갑자기 물결이 크게 이는 바람에 자기도 모르게 그렇게 된 것 같아. 전갈은 위험한 상황이 닥치면 본능적으로 독침을 쏘거든.

아이 아무리 그래도 꾹 참아야지.

아빠 너 꼭 어른처럼 말하는구나. 아빠랑 너랑 바뀐 것 같아.

아이 그게 아니라 전갈이 본능을 못 참는 게 너무 바보 같잖아.

아빠 본능이란 건 그만큼 자기 마음대로 조종하기가 어려워.

아이 그런데 전갈한텐 왜 그렇게 무서운 독침이 달려 있을까? 너무 위험하잖아. 난 전갈이 너무 싫어. 전갈 나빠.

아빠 아빠도 전갈은 싫어. 만약에 아빠 혼자 사막에서 전갈을 만나면 무서워서 냅다 도망칠 거야. 하지만 전갈도 전갈 나름대로 살기 위해서 어쩔 수 없이 독침을 지니게 된 건 아닐까?

아이 살기 위해서?

아빠 응, 동물들은 저마다 자기 몸을 지켜줄 무기가 필요하거든. 너 전기
뱀장어 알지?

아이 응, 몸에서 전기를 일으키잖아.

아빠 그래, 맞아. 그리고 카멜레온은 몸의 색깔을 바꿀 수 있고, 고슴도
치는 뾰족한 가시로 몸을 보호하지? 또 거북이는 딱딱한 등껍질 속
에 몸을 숨기잖아.

아이 아, 그게 다 자기를 지키려고 그러는 거야?

아빠 그래, 전갈이나 말벌이 무서운 독침을 지닌 이유도 마찬가지야. 동
물마다 살아남는 방법이 조금씩 다를 뿐이야.

아이 사람도 그래?

아빠 물론이지. 사람도 가끔 막 화를 내고 싸우려들 때가 있잖아?

아이 응, 그럴 땐 참 무서워.

아빠 사람이 화를 내는 것도 사실은 자기를 지키려고 그러는 거야. 누군
가 자기한테 상처를 줄까 봐 두려워서 화를 내는 거야. 넌 안 그러
니? 잘 생각해봐.

아이 나도 누가 놀리면 화가 나.

아빠 네가 화를 낸다고 해서 누가 널 나쁜 사람 취급하면 기분이 어떨까?

아이 기분 나쁘지, 당연히! 아, 그러니까 누구든 함부로 나쁘다고 생각
하면 안 되는 거구나.

아빠 역시 금방 알아챘구나.

- 독침을 쏘면 자기도 물에 빠질 거라는 걸 알면서 전갈은 왜 개구리에게 독침을 쏘았을까?
- 큰 물결이 일지 않았다면 전갈과 개구리는 무사히 냇물을 건넜을까?
- "나도 모르게 그만 독침을 쐈나 봐."라는 전갈의 말은 무슨 뜻일까?

인문학 대화법 Tip

'좋고 나쁨'이 아닌 '다름'을 일깨우는 대화

이야기 속에는 선한 역할도 있고 악한 역할도 있습니다. 그리고 좋은 결말도 있고, 마음에 들지 않는 결말도 있죠. 극적인 효과나 교훈을 드러내기 위해 작품 속 인물들은 제각기 맡은 역할을 하게 마련입니다. 이때 아이들은 본능적으로 '좋다' 혹은 '나쁘다'라는 판단을 내리기 쉽죠. 물론 그런 판단이나 의견도 존중해줘야 합니다. 다만 거기서 그치지 말고 서로의 '다름'에 대해서도 충분히 대화를 나눴으면 합니다.

"전갈이 독침을 쏜 것은 정말 어리석은 짓이야. 그런데 전갈은 왜 그렇게 독침을 쏴야만 했을까?"

각자의 특성과 '다름'을 이해하기 시작했다면 점차 질문의 수준을 높여볼 수 있겠죠.

"내가 싫어하는 사람은 무조건 나쁜 사람일까?"

"내가 좋아하는 사람은 늘 착한 행동만 할까?"

아이가 성장함에 따라 이런 대화를 자유롭게 나눌 수 있기를 바랍니다.

아이의 생각정원 가꾸기

❶ 잘못인 줄 뻔히 알면서도 잘못을 저지른 적이 있나요? 언제 그랬는지 잘 생각해보세요.

_____

_____

❷ 매일매일 아무 생각 없이 반복하는 행동이 있나요? 어떤 행동인지 세 가지만 적어보세요.

_____

_____

❸ 자기도 모르게 어떤 행동을 하고 난 뒤에 '내가 왜 그랬을까?' 하고 후회한 적이 있나요? 기억을 더듬어보세요.

_____

_____

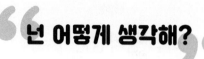

"넌 어떻게 생각해?"

나귀와 아버지와 아들

시골 농부가 동이 트자마자 일찌감치 집을 나섰어. 어린 아들이랑 나귀까지 다 데리고 말이야. 그렇게 아버지와 아들 그리고 나귀, 셋이서 터벅터벅 걸어가고 있는데 이웃 사람들이 말을 걸어왔어.

"아니, 이렇게 일찍 어딜 가세요?"

"시장에 갑니다."

"아이고, 시장까진 너무 멀잖아요. 나귀를 타고 가면 훨씬 편할 텐데."

"아, 그게 좋겠네요!"

아버지는 아들을 번쩍 안아서 나귀 등에 태웠어.

타박타박, 아버지는 걷고 아들은 나귀를 타고 가는데 길가에 앉아 있던 노인이 혀를 끌끌 차는 거야.

"아이고, 저 버르장머리 좀 보게. 아버지는 힘들게 걷는데 어린 녀석이 나귀를 타고 가네."

아들이 그 말을 듣고는 나귀 등에서 재빨리 내려왔어.

"아버지, 나귀를 타고 가세요. 제가 걸어갈게요."

"그래, 그게 좋겠구나."

이제 아들이 걷고 아버지가 나귀를 타고 가기로 한 거야.

터벅터벅, 한창 가고 있는데 이번엔 밭에서 일하던 아주머니들이 막 수군대는 거야. 손가락질까지 하면서 말이야.

"아이고, 딱해라. 어린 게 다리가 얼마나 아플까? 어린 아들은 걷게 하고 아버지란 사람은 편하게 나귀를 타고 가네. 쯧쯧."

아버지는 그 말을 듣자마자 아들한테 말했어.

"안 되겠다. 애야, 너도 올라타렴."

둘 다 나귀를 타고 가기로 한 거야.

꽥꽥, 꽥꽥!

나귀 입에서 나는 소리야. 아버지랑 아들은 참 편한데 나귀는 힘들어서 죽을 지경이잖아. 그렇게 길을 가고 있는데 어디서 누가 막 야단치는 소리가 들려왔어.

"뭐 저런 사람들이 다 있어? 말 못하는 짐승이 가엾지도 않나? 나귀가 힘들어서 꽥꽥 소리를 지르는데도 못 들은 척하네?"

그 말을 듣자마자 아버지와 아들은 재빨리 나귀 등에서 내려왔지 뭐야. 아들이 울상을 지으며 말했어.

"아버지, 정말 이러지도 저러지도 못하겠어요. 이제 어떡하면 좋죠?"

"글쎄다. 대체 누구 말을 들어야 할지 나도 모르겠구나."

아버지는 곰곰이 생각하더니 무릎을 탁 하고 쳤어.

"옳지, 좋은 수가 생각났다!"

아버지는 수풀 속에서 길고 굵은 나뭇가지를 주워왔어. 그리고는 나뭇가지에 나귀 다리를 꽁꽁 묶었단다.

"자, 이렇게 우리 둘이서 나귀를 메고 가는 거야."

아버지와 아들은 그렇게 나귀를 메고 낑낑거리며 길을 갔어.

그렇게 해서 아버지와 아들은 간신히 시장에 도착했단다. 그런데 시장에 들어서자마자 사람들이 깔깔대고 웃잖아.

"세상에, 나귀를 메고 다니는 사람도 다 있네? 세상에 저런 바보들이 또 있나?"

사람들이 얼마나 크게 웃어댔는지 나귀가 놀라서 막 발버둥을 치기 시작했어. 꽥꽥, 꽥꽥! 하도 발버둥을 치는 바람에 밧줄까지 다 풀리고 말았지 뭐야. 나귀는 이때다 싶었는지 멀리, 아주 멀리 도망치고 말았단다.

생각씨앗 찾기

- 내가 이야기 속의 아들이라면 어떻게 했을 것 같나요?
- 내가 이웃 사람이었다면 어떤 말을 해주고 싶나요?
- 주변에서 자기 생각이 뚜렷한 사람과 남의 말에 잘 휘둘리는 사람을 찾아볼까?

• 이렇게 대화해보세요 •

처음엔 부모와 아이가 각자 역할을 맡아 읽고, 다음엔 역할을 바꾸어 아이가 부모의 대사를 읽게 합니다. 상대방 입장에서 묻고 답하는 동안 아이는 자연스럽게 질문하는 재미를 느껴볼 수 있을 것입니다.

아빠 아들을 태우고 가면 버르장머리 없다 그러고, 아버지가 타고 가면 매정하다 그러고, 둘이 같이 타고 가면 인정머리 없다 그러고……. 이래도 수군수군, 저래도 수군수군, 도대체 누구 말을 들어야 할지 모르겠어.

아이 누구 말을 꼭 들어야만 해?

아빠 어, 그게 무슨 뜻이야?

아이 다른 사람이 하는 말을 꼭 들어야 하냐고?

아빠 와, 그거 정말 좋은 질문이구나! 네 생각은 어때? 다른 사람이 하는 말을 꼭 들어야 할까?

아이 그냥 자기가 하고 싶은 대로 하면 안 돼?

아빠 맞다, 맞아! 그 생각을 하지 못했네. 그럼 우리가 주인공이 돼볼까? 아빠랑 너랑 나귀를 데리고 시장에 가는 거야. 어떻게 가면 좋을까?

아이 피곤할 때마다 아빠랑 나랑 한 번씩 나귀를 타고 가면 좋겠어. 둘 다 한꺼번에 타면 나귀가 힘드니까.

아빠 다른 사람들이 버르장머리 없다, 매정하다고 할 텐데?

아이 사람들은 잘 알지도 못하면서 왜 그렇게 말해?

아빠 맞아, 아빠도 같은 생각이야. 그런데 이야기에 나오는 아버지는 어됐더라?

아이 아무 말도 안 하고 그냥 다른 사람들 말만 들었어.

아빠 너라면 어땠을 것 같니?

아이 내 생각도 말했을 것 같아.

아빠 예를 들면 어떻게?

아이 우리는 피곤할 때마다 나귀를 번갈아 타고 갈 거라고. 혹시 나귀가 힘들어하면 둘 다 걸어갈 거라고 말할 거야.

아빠 그렇구나. 주인공도 너처럼 자기 생각을 가졌더라면 나귀를 잃어 버리지 않았을 텐데. 생각이란 건 정말 중요한 것 같아. 그런데 생각이란 게 도대체 뭘까? 또 궁금해지네?

- 자기 생각 없이 남의 말만 들으면 어떻게 될까?

- 남들 말은 무시하고 자기 생각대로만 하면 어떻게 될까?

- 사람들 사이에 대화가 사라지면 어떻게 될까?

인문학 대화법 Tip

막힌 질문과 열린 질문

정답을 요구하는 질문은 막힌 질문입니다. 답을 말하는 순간 대화가 끊어지기 때문이죠.

"이 이야기의 주제는 뭘까?"

"이 이야기에는 어떤 교훈이 들어있을까?"

이런 질문들이 대표적인 '막힌 질문'입니다.

반대로 열린 질문은 답이 아닌 '또 다른 질문'을 열어젖힙니다.

"이 이야기의 주인공은 어떤 사람일까?"

"내가 주인공이라면 어떤 선택을 할 수 있을까?"

이런 질문들은 하나의 정답을 요구하지 않기 때문에 '열린 질문'이라고 할 수 있죠. 게다가 답을 찾는 질문이 아니라 새로운 질문을 찾기 때문에 대화가 계속 이어집니다. 성급하게 주제나 교훈으로 치닫기보다는 조금 엉뚱하더라도 창의적이고 다양한 질문을 이끌어내는 대화가 좋은 대화입니다.

아이의 생각정원 가꾸기

❶ 내 생각과 다른 사람의 생각이 다르다는 것을 느껴본 적이 있나요? 언제 그랬는지 생각나는 대로 적어보세요.

❷ 다른 사람이 나에게 이러쿵저러쿵 참견할 때 어떻게 하면 좋을까요?

❸ 혹시 다른 사람에게 내 생각을 강요한 적이 있나요? 다른 사람에게 내 생각을 이야기할 때 어떻게 하면 좋을까요?

"우리는 얼마나 솔직할까?"

보이지 않는 옷

옛날 어떤 나라에 아주 허영심 많고 사치스러운 임금님이 있었어. 얼마나 사치스러운가 하면 잠을 잘 때도 화려한 비단옷을 입고, 식사할 때나 복도를 걸어갈 때도 보석이 주렁주렁 매달린 옷을 걸쳐야 할 정도야.

"더 화려한 옷은 없느냐? 이렇게 촌스러운 옷을 입으면 백성들이 나를 어떻게 보겠느냐?"

임금님은 날마다 신하들에게 호통을 쳤어.

그런 어느 날, 이웃 나라에서 두 명의 재단사가 찾아왔어.

"전하, 저희가 세상에서 가장 아름답고 화려한 옷을 만들어드릴까요?"

재단사의 말에 임금님은 귀가 솔깃해졌지.

"호오, 궁금하구나. 세상에서 가장 아름답고 화려한 옷은 과연 어떻게 생겼을까?"

"아주 신비로운 옷이랍니다. 다만 그 옷은 아주 특별해서 입을 자격이 없거나 어리석은 사람의 눈에는 보이지 않습니다."

임금님은 점점 더 궁금해졌어.

"그렇게 신비로운 옷이 다 있다니 참으로 놀랍구나. 어서 그 옷을 만들어오너라."

임금님은 하루빨리 옷을 갖다 바치라며 재단사들에게 작업실을 내줬어. 그리고는 신하들에게도 이렇게 일렀지.

"저자들이 제대로 일을 하고 있는지 잘 살피도록 하라."

신하들은 작업실 문틈으로 재단사들을 감시하기 시작했어. 그런데 뭔가 이상하단 말이야.

옷을 만들려면 천이 있어야 할 거 아니야. 하지만 재단사들은 천도 없이 열심히 옷을 만들고 있잖아. 그냥 가위로 허공을 가르면서 옷 만드는 시늉만 하는 것 같단 말이야.

그런데도 신하들은 아무 말 하지 못했어. 왜냐고? 옷이 안 보인다고 하면 어리석은 사람이 될 게 뻔하잖아.

"재단사들이 옷을 잘 만들고 있더냐?"

임금님이 묻자 신하들은 하나같이 입을 모아 이렇게 대답했어.

"예, 전하. 아주 화려하고 아름다운 옷을 만들고 있습니다."

임금님은 크게 만족했단다.

"전하, 드디어 옷을 다 만들었습니다."

마침내 재단사들이 옷을 들고 임금님 앞에 섰어. 하지만 옷이 보여야 말이지. 임금님은 하마터면 '옷이 어디 있단 말이냐?' 하고 소리칠 뻔했어.

'아, 맞다. 옷이 안 보인다고 하면 다들 내가 어리석은 임금이라고 생각하겠지?'

그래서 임금님은 껄껄 웃으며 말했어.

"하하, 과연 듣던 대로 멋진 옷이로구나. 어디 한 번 입어볼까?"

임금님은 속옷까지 훌러덩 벗고 새 옷으로 갈아입었어.

"전하, 참으로 화려한 옷입니다."

재단사들도, 신하들도 손뼉을 치며 칭찬을 늘어놓기 시작했어.

임금님은 새 옷을 입은 채 거리로 나섰어. 백성들에게 화려한 모습을 보이려고 말이야. 그렇게 벌거벗은 채로 거리 행진을 하는데 얼마나 우스꽝스러웠겠어? 하지만 누구 하나 웃는 사람이 없단 말이야. 웃거나 사실대로 말했다간 어리석은 사람이 될 게 뻔하잖아.

그런데 그때 한 꼬마가 쪼르르 나오더니 깔깔 웃어대기 시작했어.

"하하하, 임금님이 벌거벗었대요. 임금님은 벌거숭이!"

그제야 임금님은 자기가 사기꾼 재단사들에게 속았다는 사실을 알아챘어. 하지만 이미 늦었지 뭐야. 잠자코 있던 사람들이 뒤늦게 깔깔 웃기 시작했거든.

- 재단사들은 왜 어리석은 사람들의 눈에는 옷이 보이지 않는다고 말했을까?

- 신하들과 백성들은 왜 임금님이 벌거숭이라고 말하지 못했을까?

- 아이는 왜 임금님이 벌거숭이라고 말했을까?

· 이렇게 대화해보세요 ·

처음엔 부모와 아이가 각자 역할을 맡아 읽고, 다음엔 역할을 바꾸어 아이가 부모의 대사를 읽게 합니다. 상대방 입장에서 묻고 답하는 동안 아이는 자연스럽게 질문하는 재미를 느껴볼 수 있을 것입니다.

아이 꼬마 빼고는 아무도 솔직하지 않았던 거야? 순 겁쟁이.

엄마 겁쟁이 맞지? 그런데 사실은 엄마도 약간 겁쟁이일 때가 있어. 솔직하게 말해야 하는데 그냥 입을 꾹 다문 적도 있거든.

아이 왜? 솔직하게 말하는 게 겁나서?

엄마 응, 솔직하게 말했다가 친구 마음이 상할까봐 겁났거든. 또 사람들이 어려운 말로 회의할 때 그게 무슨 말이냐고 물었다간 바보 소릴 들을 것 같아서 가만히 있기도 했어.

아이 솔직하게 말하지 못하면 기분이 어때?

엄마 계속 찜찜하지 뭐. 꼭 밥 먹고 얹힌 기분이야. 자존감도 떨어지는 것 같고.

아이 자존감이 뭐야?

엄마 내가 스스로 참 괜찮은 사람이라고 느끼는 것? 내가 나를 존중하는 마음 같은 거야.

아이 솔직하게 말하지 못할 때마다 자존감이 떨어져?

엄마 응, 만약에 네가 보기에 자신이 약간 비겁하다고 느껴지면 기분이 어떻겠니?

아이 기분이 굉장히 별로일 것 같아. 내가 못나 보여서.

엄마 그래, 그게 바로 자존감이 떨어질 때의 느낌이야. 하지만 넌 솔직한 편이지?

아이 잘 모르겠어. 솔직할 때도 있고 안 그럴 때도 있는 것 같아.

엄마 그럼 우리 솔직해지는 연습해 볼까?

아이 어떻게 하는 건데?

엄마 진실 게임 같은 거야. 둘이 번갈아서 한 마디씩 숨겨둔 얘기나 부끄러운 얘기를 해보는 거야. 그런데 규칙이 있어. 웃거나 놀리기 없기.

아이 알았어. 내가 먼저 할게. 음, 나는 코가 좀 못생겨서 불만이야.

엄마 엄마도 배가 점점 나와서 창피해.

아이 나는 아빠가 술 마시고 와서 막 껴안을 때 숨 막혀서 싫을 때가 있어.

엄마 엄마는 네가 밥 먹을 때 쩝쩝 소릴 내는 습관을 고쳤으면 좋겠어.

아이 나는 엄마가 꼬치꼬치 캐물을 때 불편해.

엄마 정말?

아이 거봐, 지금도 캐묻잖아.

엄마 알았어, 알았어. 미안. 진실 게임 계속해?

아이 응, 계속해.

172

- 임금님은 왜 그렇게 쉽게 재단사들에게 속았을까?
- 재단사들은 어떻게 사람들을 감쪽같이 속일 수 있었을까?
- 사람들은 왜 솔직하게 말하지 못할까?

인문학 대화법 Tip

진실 게임으로 대화하기

솔직해야 할 때 솔직하지 못한 사람을 보면, 대체로 어릴 때부터 두려움을 느꼈던 경우가 대부분입니다. 솔직하게 말했을 때 혼이 났다면 그 경험이 영향을 주어 이후의 성격으로 굳어지곤 하니까요.

아이가 자신의 잘못이나 부끄러운 부분을 솔직하게 말했을 때 부모가 보여야 할 가장 첫 번째 반응은 "솔직하게 말해줘서 고마워."가 아닐까요? 가끔은 자녀와 마주 앉아 진실 게임을 해보세요. 어떤 경우에도 나무라거나 웃지 말고 서로서로 번갈아가며 한 마디씩 숨겨둔 이야기를 입 밖으로 꺼내보세요.

아이의 생각정원 가꾸기

❶ 솔직하게 말해야 할 때 솔직하게 말하지 못한 적이 있나요? 언제 그랬는지 적어보세요.

🖉 _____

_____

❷ 가족이나 친구에게 거짓말을 한 적이 있나요? 언제 어떤 거짓말을 했는지 떠올려보세요.

🖉 _____

_____

❸ 하고 싶은 말을 꼭꼭 숨겼던 적이 있나요? 언제 그랬는지, 기분이 어땠는지 적어보세요.

🖉 _____

_____

"함께 살아가려면
어떻게 해야 할까?"

진가의 잔치

옛날 중국에 진가라는 사람이 살았어. 진가는 가축을 여러 마리 키우고 있었는데, 어느 날 고민이 생겼어. 집에서 결혼식을 올리는 바람에 큰 잔치를 치러야 했거든. 잔칫상을 준비하려면 가축을 한 마리 잡긴 잡아야 할 거 아니야. 그런데 누굴 잡아야 할지 모르겠단 말이야. 그래서 진가는 제일 먼저 거위에게 사정을 이야기했어.

"거위야, 아무래도 너를 잔칫상에 올려야겠구나."

그랬더니 거위가 펄쩍 뛰지 않겠어?

"생각해보세요. 나는 꼬박꼬박 알을 낳아드리지만, 저 수탉 녀석은 알을 낳지 못하잖아요? 그러니 저 수탉을 잡으셔야죠."

그 말을 듣자마자 수탉이 또 펄쩍 뛰는 거야.

"나는 새벽마다 주인님을 깨워드리잖아요. 나보다는 허구한 날 먹고 놀기만 하는 양을 잡으시는 게 나을걸요?"

양은 또 뭐라고 했을까?

"주인님, 가족들이 추운 겨울을 따뜻하게 날 수 있는 게 누구 덕일까요? 내 털로 만든 옷 덕분이잖아요? 그런데 개는 무슨 일을 하죠?"

듣고 있던 개가 멍멍 짖어댔어.

"나는 도둑도 막아주고 맹수들이 얼씬 못하게 지켜주잖아요. 나보다는 말을 잡는 게 낫죠. 말은 종일 먹기만 하고 하는 일은 없으니까요."

말은 히힝, 하고 울어댔어.

"주인님, 내가 없으면 이웃 마을까지 걸어가야 할걸요? 차라리 소를 잡으시는 편이 나을 거예요."

소도 커다란 눈을 끔뻑거리며 말했어.

"내가 없으면 논밭은 누가 갈아줍니까? 나 대신 그저 놀고먹고 살만 뒤룩뒤룩 찌는 저 돼지를 잡으시는 게 나아요."

돼지는 꽥꽥 소리쳤어.

"저기 저 땅을 보세요. 우리가 싼 똥으로 거름을 쳤더니 저렇게 기름진 땅이 됐잖아요?"

이렇게 쭉 들어보니 다들 사정이 있잖아. 진가는 어쩔 수 없이 가축들을 한자리에 다 불러 모았어.

"누구를 콕 집어서 잡을 수 없으니 그냥 너희들을 다 잡아야겠구나."

그러자 가축들은 화들짝 놀라 자기들끼리 회의를 열었어. 먼저 거위가 이렇게 말했단다.

"수탉은 아침마다 온 가족을 깨워야 하니까 죽으면 안 돼. 그러니 내가 죽는 게 낫겠어."

수탉은 수탉대로 할 말이 있었지.

"양털이 없으면 겨울을 날 수가 없으니 양 대신에 내가 죽어야 해."

양은 또 뭐라고 했을까?

"개가 없으면 도둑이며 맹수들이 마구 쳐들어올걸? 개보다는 내가 죽는 게 나을 거야."

좀 전과는 이야기가 완전히 달라진 거야. 개, 말, 소, 돼지, 다들 자기가 희생하겠다고 나서잖아.

멀찌감치 서서 가축들이 하는 이야기를 엿듣고 있던 진가는 완전히 감동하고 말았어. 그래서 다시 가축들을 다 불러놓고 이렇게 말했단다.

"너희들이 다른 가축들을 위해서 이렇게까지 자기 목숨을 희생하겠다고 하는데 내 어찌 너희를 잡을 수 있겠느냐? 나는 아무도 잡지 않기로 했다. 그깟 잔칫상보다 너희가 더 소중하니까."

이렇게 해서 진가네 가축들은 다시 평화롭게 살 수 있었단다.

생각씨앗 찾기

- 주인이 가축 한 마리를 잡아야겠다고 했을 때 가축들은 어떻게 했나요?
- 처음에는 다른 동물을 잡으라고 했던 가축들이 나중엔 왜 자기가 희생하겠다고 나섰을까?
- 끝에 가서 주인은 왜 아무도 잡지 않기로 했을까?

· 이렇게 대화해보세요 ·

처음엔 부모와 아이가 각자 역할을 맡아 읽고, 다음엔 역할을 바꾸어 아이가 부모의 대사를 읽게 합니다. 상대방 입장에서 묻고 답하는 동안 아이는 자연스럽게 질문하는 재미를 느껴볼 수 있을 것입니다.

아빠 동물 친구들이 모두 다 살 수 있게 돼서 참 다행이지?

아이 응, 그런데 좀 이상해. 처음에는 전부 자기만 살겠다고 하다가 나중엔 왜 서로 희생하겠다고 해?

아빠 그러게, 어차피 다 죽게 생겼으니까 자기가 희생해야겠다는 생각이 들지 않았을까?

아이 처음부터 그랬으면 좋을 텐데.

아빠 네 말이 맞아. 처음부터 그러면 얼마나 좋겠니? 그런데 이 이야기는 두 가지 경우 중에서 어느 쪽이 더 나은가를 말하는 것 같아.

아이 두 가지 경우?

아빠 응, 그러니까 서로서로 남을 헐뜯고 깎아내리기만 하면 모두가 위험해지지만, 서로가 상대방의 좋은 점을 찾고 자기 자신을 낮추면 오히려 위기에서 벗어날 수 있다는 뜻이 아닐까?

아이 좀 어려워.

아빠 만약에 우리 가족이 서로서로 헐뜯기만 하면 어떻게 되겠니?

아이 집에 있기 싫어질 것 같아.

아빠 그럼 가족이 서로서로 칭찬하고 좋은 점을 찾는다면 어떨까?

아이 재미있고 신날 것 같아.

아빠 가족도 그렇고, 회사나 학교도 마찬가지야. 사람들이 모여서 함께 잘 살아가려면 서로 비난하기보다 존중하는 편이 훨씬 낫지 않을까?

아이 동물들이 처음에 서로 무시할 땐 좋은 점을 못 보는 것 같았어. 그런데 나중엔 서로서로 좋은 점을 너무 잘 알고 있었던 것 같아.

아빠 맞아. 그런데 만약에 토끼가 있었다면 가축들이 뭐라고 했을까?

아이 토끼는 조용하고 귀엽고 남을 해치지 않잖아.

아빠 그럼 여우는?

아이 여우는 영리해서 동물 친구들한테 도움이 됐을 거야.

아빠 호랑이는?

아이 호랑이가 있으면 다른 맹수들은 얼씬도 못할걸?

아빠 맞아. 사람이든 동물, 식물이든 다들 각자의 특징대로 살아가는 게 아닐까? 내 맘에 들지 않는다고 저 녀석이 없어졌으면 좋겠어, 라고 생각한다면 상대방이 나에 대해 똑같은 생각을 해도 할 말이 없어지잖아.

아이 난 미워하지 않을 거야.

아빠 그래, 네가 누굴 미워하면 그 사람도 널 미워할 권리가 생기는 거니까.

- 만약에 거위가 처음부터 자기가 희생하겠다고 했다면 어떻게 됐을까?
- 만약에 동물들이 끝까지 자기만 살겠다고 했다면 어떻게 됐을까?
- 다 함께 잘 살려면 어떻게 해야 할까?

인문학 대화법 Tip

이야기를 좀 더 확장해보는 대화

아이들은 대체로 동물들이 많이 등장하는 이야기를 편하게 대합니다. 앞 이야기에도 꽤 많은 동물이 등장하여 각자의 가치, 혹은 장단점에 관해 이야기를 나누고 있죠.

그럼 이번에는 동물들을 더 많이 등장시켜 그 동물의 특징이나 장단점을 이야기하면서 대화를 좀 더 확장해보면 어떨까요? 동물 그림 사전을 보면서 토끼, 오리, 다람쥐, 사슴, 여우, 호랑이, 늑대 같은 동물들의 대표적인 특징이나 습성에 관해 대화를 나눠보세요.

이런 식으로 다양한 동물들의 특징을 가지고 이야기 나누다 보면 장단점이나 호불호를 넘어 각자의 고유한 습성과 '다름'에 대해 조금씩 눈이 열리게 되지 않을까요?

아이의 생각정원 가꾸기

❶ 내가 하기 싫어하는 일을 다른 사람에게 떠맡긴 적이 있나요? 언제 그랬는지 생각해보세요.

❷ 남들이 하기 싫어하는 일을 내가 하겠다고 나선 적이 있나요? 언제 그랬는지 생각해보세요.

❸ 책이나 영화에서 다른 사람들을 위해 자신을 희생한 주인공들을 기억하나요? 기억나는 대로 적어보세요.

사람의 마음을
이어주는 것은 무엇일까?

맛있는 돌멩이 수프

어떤 할아버지가 부잣집 문을 두드렸어.

"누구세요?"

주인이 문을 빼꼼히 열더니 얼굴을 내밀었어.

"죄송합니다만 먹을 것 좀 나눠주세요. 종일 굶었더니 배가 너무 고파서요."

주인은 눈살을 잔뜩 찌푸렸어.

"여긴 식당이 아니에요! 다른 집에 가서 얘기해보세요!"

그리고는 문을 확 닫으려는데 할아버지가 이러는 거야.

"잠깐만요, 잠깐만요! 사실 저는 돌멩이 하나로 수프 끓이는 법을 알고 있답니다. 그 비법을 알려드릴게요."

할아버지 말에 주인은 눈이 동그래졌어. 돌멩이로 수프를 끓일 수 있다니 정말 신기하잖아.

"돌멩이로 수프를 어떻게 만드는데요?"

주인은 어느새 문을 열고 할아버지를 집 안으로 들였단다. 돌멩이로 수프 만드는 법이 너무너무 궁금했거든.

"자, 어디 한 번 얘기해보세요."

주인은 할아버지를 주방으로 데려갔어. 할아버지는 팔을 걷고 조리대 앞에 서서 주인에게 요리법을 하나하나 가르쳐주기 시작했단다.

"우선 냄비에 돌멩이와 물을 같이 넣고 팔팔 끓여야겠죠?"

그러면서 할아버지는 커다란 냄비에 돌멩이를 넣고 물을 부은 다음 팔팔 끓이기 시작했어. 잠시 후 물이 보글보글 끓어오르자 할아버지는 국자로 떠서 살짝 맛을 보고는 입맛을 다셨단다.

"음, 일단 국물은 성공이에요. 하지만 아직은 약간 부족해요. 여기에 양파하고 당근을 조금만 넣어주면 더 맛있겠네요."

주인은 냉큼 달려가 양파하고 당근을 썰어왔어. 할아버지는 냄비에 양파와 당근을 넣고 좀 더 끓인 다음 다시 맛을 봤지.

"점점 맛있어지네요. 지금 이대로도 훌륭하지만, 고기와 감자를 넣고 소금 간만 해주면 이 세상 최고의 요리가 되겠어요."

주인은 또 할아버지가 시키는 대로 고기와 감자를 썰어 왔어. 할아버지는 냄비에 고기와 감자를 넣고 소금 간을 한 다음 좀 더 끓였어. 주인은 냄비에서 나오는 냄새를 맡으며 군침까지 흘렸단다. 돌멩이 수프가 어떤 맛일지 잔뜩 기대하는 눈치야.

자, 드디어 돌멩이 수프가 완성됐어. 할아버지는 접시에 수프를 한 국자 떠서 주인에게 내밀었단다.

"자, 세상에서 제일 맛있는 돌멩이 수프를 맛보세요."

주인은 뜨거운 수프를 후후 불며 한 숟갈 떠먹었어. 표정이 어땠을까?

눈이 동그래졌지 뭐.

"오, 정말 맛있어요! 최고예요!"

주인은 정말 감탄했나 봐.

"놀라워요! 돌멩이 하나로 이렇게 맛있는 수프를 끓일 수 있다니! 어서 드세요. 이렇게 맛있는 수프를 저 혼자 먹을 순 없잖아요!"

그렇게 해서 주인과 할아버지는 사이좋게 마주 앉아 맛있게 돌멩이 수프를 먹었단다.

생각씨앗 찾기

- 수프를 끓이는 동안 두 사람 사이는 어떻게 변했을까?
- 돌멩이로 또 어떤 요리를 할 수 있을까?
- 돌멩이를 빼면 수프 맛이 어떻게 될까?

· 이렇게 대화해보세요 ·

처음엔 부모와 아이가 각자 역할을 맡아 읽고, 다음엔 역할을 바꾸어 아이가 부모의 대사를 읽게 합니다. 상대방 입장에서 묻고 답하는 동안 아이는 자연스럽게 질문하는 재미를 느껴볼 수 있을 것입니다.

엄마 이야기에 나오는 할아버지는 어떤 사람인 것 같니?

아이 요리를 아주 잘하는 사람이야.

엄마 그래? 왜 그렇게 생각했어?

아이 돌멩이로 맛있는 수프를 만들었으니까.

엄마 그런데 수프에 돌멩이만 들어갔던가? 다른 재료는 또 뭐가 들어갔더라?

아이 양파도 들어가고, 당근이랑 고기도 들어갔어.

엄마 그렇게 여러 가지 재료가 들어가면 당연히 맛있는 수프가 되지 않을까?

아이 그런데 할아버지는 돌멩이도 넣었어. 돌멩이를 넣었기 때문에 아주 특별한 수프가 된 거야.

엄마 그렇구나. 그럼 돌멩이는 할아버지만의 요리 비법이겠네?

아이 응, 주인은 그런 생각을 하지 못했잖아.

엄마 근데 돌멩이는 무슨 맛일까?

아이 에이, 돌멩이가 무슨 맛이 있겠어?

엄마 방금 네가 그랬잖아. 돌멩이를 넣었기 때문에 아주 특별한 수프가 됐다고.

아이 응, 돌멩이가 안 들어갔으면 그냥 평범한 수프였을 거야. 하지만 돌멩이가 들어갔기 때문에 세상에 하나밖에 없는 돌멩이 수프가 된 거야.

엄마 아, 그러고 보니까 세상에 하나밖에 없는 신기한 수프이기 때문에 맛이 더 특별하게 느껴졌을 수도 있겠다! 그럼 돌멩이만 있으면 특별한 요리를 더 만들 수도 있겠네?

아이 돌멩이 요리?

엄마 응, 돌멩이 떡볶이, 돌멩이 피자, 돌멩이 짜장면, 돌멩이 버거.

아이 돌멩이 버거는 이상해. 이가 부러질지도 몰라.

엄마 아, 맞다. 그럼 돌멩이로 또 어떤 요리를 할 수 있을까?

아이 돌멩이 국, 돌멩이 국수, 돌멩이 찌개.

엄마 우리가 돌멩이로 요리를 만든다고 하면 아마 친구들이 우르르 몰려들지 않을까?

아이 당연하지! 전부 다 올 거야. 신기하니까.

엄마 그렇구나. 역시 돌멩이는 사람들을 한자리에 다 끌어모으는 힘이 있구나. 할아버지와 주인이 그랬던 것처럼.

- 돌멩이 대신 나뭇가지나 솔방울로 수프를 만들 수도 있을까?

- 주인은 할아버지한테 속은 걸까, 아니면 속아준 것일까?

- 훈훈하다는 말은 무슨 뜻일까? 주인과 할아버지가 수프를 함께 나눠 먹는 장면은 왜 훈훈하게 느껴질까?

인문학 대화법 Tip

다양한 예를 들어가며 대화하기

"우리도 돌멩이로 음식을 만들어볼까? 어떤 음식이 좋을까?"

이때 선뜻 떠오르는 음식이 없을 수도 있습니다. 선택의 폭이 너무 넓어서 아이가 막연해할 수도 있죠. 그럼 질문을 바꿔볼까요?

"돌멩이 국수, 돌멩이 피자, 돌멩이 찌개 중에서 어떤 요리가 제일 맛있을까?"

이렇게 몇 가지 예를 들어주면 아이는 그중에서 마음에 드는 것을 선택할 수 있겠죠. 또 그 요리에 들어가는 여러 가지 재료까지 제시해준다면 아이가 먹고 싶어 하는 재료를 마음껏 선택할 수 있을 겁니다.

다양한 예를 제시하며 나누는 대화는 아이에게 '선택의 자유와 재미'를 선사합니다. 또 자기가 선택한 것에 대해 관심을 지속시켜 나가는 연습도 자연스럽게 되겠죠.

아이의 생각정원 가꾸기

❶ 나눠 먹을수록 맛있다는 말을 들어본 적이 있나요? 왜 나눠 먹을수록 맛있다고 할까요? 맛있는 음식을 친구와 나눠 먹은 경험이 있는지 생각해보세요.

❷ 혼자 할 때보다 여럿이 함께해야 더 즐거운 일들 몇 가지만 적어보세요.

❸ 주변 사람들로부터 따뜻한 정을 느껴본 적이 있나요? 언제 그랬는지 세 가지만 적어보세요.

나와 너 사이에 있어야 할 것은 무엇일까?

여우와 황새

여우가 콧노래를 부르며 수프를 만들고 있어. 감자, 당근, 양파도 넣고 맛있는 고기도 넣어가면서 말이야. 냄새부터 얼마나 군침이 도는지 몰라. 그런데 접시가 왜 두 개일까? 손님을 초대했나?

수프가 다 되어갈 즈음, 누가 문을 두드렸어.

"황새가 도착했구나! 딱 맞춰 왔네?"

문을 열었더니 역시 황새가 서 있었어.

"여우야, 이렇게 초대해줘서 고마워."

"잘 왔어, 황새야. 방금 수프가 다 됐단다. 어서 앉아."

황새가 식탁 앞에 앉자마자 배에서 꼬르륵 소리가 들려. 여우가 맛있는 저녁 식사를 준비한다고 해서 점심부터 굶었거든.

"황새야, 배고프지? 자, 어서 먹어."

여우는 맛있는 고기 수프를 내왔어.

아니 그런데 이게 뭐야? 수프가 넓고 납작한 접시에 담겨 있잖아. 도대체 이걸 어떻게 먹으란 말이지?

여우는 냠냠 짭짭 맛있게 핥아 먹었지만, 황새는 부리가 너무 길어서 수프를 한 입도 먹을 수가 없었어.

황새는 결국 쫄쫄 굶은 채로 돌아갈 수밖에 없었단다. 배도 고팠지만, 무엇보다 여우가 자기를 놀리는 것 같아 속이 무척 상했지. 하지만 황새는 화내지 않았어. 화를 내봐야 아무 소용도 없을 것 같았거든.

며칠 뒤, 이번에는 황새가 여우를 저녁 식사에 초대했어.

"여우야, 지난번엔 나를 초대해줘서 고마웠어. 그래서 말인데 오늘 우리 집에서 저녁 식사 같이할까? 맛있는 생선 요리를 만들 생각이야."

"생선 요리? 나 생선 요리 아주 좋아해. 그래, 꼭 갈게."

황새는 콧노래를 부르며 생선 요리를 만들기 시작했어. 노릇노릇하게 잘 구워낸 생선 위에 레몬즙을 뿌리고, 과일이며 채소도 듬뿍 넣어가면서 말이야. 냄새부터 얼마나 군침이 도는지 몰라.

생선 요리가 다 되어갈 즈음, 여우가 문을 두드렸어.

"황새야, 초대해줘서 고마워."

"어서 와, 여우야. 방금 요리를 다 마쳤단다. 어서 앉아."

여우는 식탁 앞에 앉기도 전에 킁킁 냄새부터 맡았어. 냄새만 맡아봐도 생선 요리가 얼마나 맛있는지 알 것 같단 말이야. 여우는 얼른 생선 요리를 맛보고 싶어졌어.

"여우야, 배고프지? 자, 어서 먹어."

황새는 맛있는 생선 요리를 내왔어.

아니 그런데 이게 뭐야? 생선 요리가 호리병처럼 목이 길고 좁다란 병 속에 들어 있잖아? 도대체 이걸 어떻게 먹으란 말이지?

황새는 기다란 부리로 생선 요리를 냠냠 짭짭 맛있게 쪼아 먹었지만, 여우는 주둥이가 뭉툭해서 생선을 한 입도 먹을 수가 없었어.

여우는 결국 쫄쫄 굶은 채로 돌아갈 수밖에 없었단다. 배도 고팠지만, 무엇보다 황새에게 복수를 당한 것 같아 속이 무척 상했지. 하지만 여우는 화를 낼 수가 없었어. 왜냐고? 왜 화를 낼 수 없는지는 여우가 더 잘 알고 있지 않을까?

생각씨앗 찾기

- 여우는 왜 황새를 초대했을까?
- 황새는 왜 여우를 초대했을까?
- 여우와 황새는 서로를 어떻게 대했을까?

· 이렇게 대화해보세요 ·

처음엔 부모와 아이가 각자 역할을 맡아 읽고, 다음엔 역할을 바꾸어 아이가 부모의 대사를 읽게 합니다. 상대방 입장에서 묻고 답하는 동안 아이는 자연스럽게 질문하는 재미를 느껴볼 수 있을 것입니다.

아빠 처음에 황새는 왜 여우한테 아무 말도 안 했을까?

아이 무슨 말?

아빠 아빠 같았으면 여우한테 말했을 거야. "여우야, 이 수프를 길고 좁다란 병에 담아줄래? 접시가 납작해서 못 먹겠어." 이렇게 말이야.

아이 응, 나도 여우였다면 황새한테 "황새야, 납작한 접시는 없니? 병이 너무 길고 좁아서 못 먹겠어."라고 말했을 거야. 그런데 왜 둘 다 아무 말도 하지 못했어?

아빠 아마 그게 예의가 아니라고 생각했던 모양이야.

아이 하지만 예의는 둘 다 먼저 어겼잖아.

아빠 맞아. 아무래도 여우랑 황새가 서로 친해지기는 어려울 것 같네.

아이 참 바보 같아. 기다란 병이랑 납작한 접시 하나씩만 내놔도 친해질 수 있을 텐데.

아빠 그래. 상대방에 대해 조금만 더 생각해도 얼마든지 친해질 수 있거든.

아이 그런데 왜 그렇게 안 하는 거야?

아빠 글쎄, 다들 자기 생각만 해서 그런 것 같아.

아이 자기 생각만 하면 친구가 안 생겨.

아빠 그래, 남을 배려하는 마음이 정말 중요해. 그럼 만약에 곰이 다람쥐를 초대한다면 어떻게 대접해야 할까?

아이 음, 먼저 다람쥐가 뭘 좋아하는지 알아봐야 해. 그런데 다람쥐는 뭘 좋아해?

아빠 도토리랑 밤이랑 호두를 좋아하지 않나?

아이 그럼 도토리나 밤이나 호두를 넣어서 요리하면 되겠네. 그리고 다람쥐는 몸이 작으니까 식탁이랑 의자도 작은 걸 준비하면 돼. 접시도 아주 작은 거로.

아빠 반대로 다람쥐가 곰을 초대하면?

아이 곰은 뭘 먹어?

아빠 곰은 다 잘 먹어. 열매도 좋아하고 꿀이랑 고기도 좋아해.

아이 열매로 샐러드를 만든 다음 꿀을 얹으면 되겠네? 고기 요리도 준비하면 곰이 정말 좋아할 거야.

아빠 다음 네 생일에 친구들을 초대할 때도 그렇게 할 거니?

아이 당연하지!

아빠 친구들 얼굴을 하나하나 떠올리면서 뭘 좋아하는지 한 번쯤 생각하겠네?

아이 응, 뭘 좋아하는지 모르면 애들한테 물어볼 거야.

아빠 초대할 친구가 많아?

아이 음, 하나, 둘, 셋……. 좀 많아.

아빠 아무래도 의자를 좀 더 준비해야겠구나.

- 상대방을 배려한다는 것은 무슨 뜻일까?
- 전철에는 왜 노약자를 위한 좌석이 따로 있을까?
- 모두가 자기만 생각하면 세상은 어떻게 될까?

인문학 대화법 Tip

엉뚱한 대화 나누기

이 이야기를 읽고 나서 '상대방을 배려하는 마음이 필요하다'라는 식의 교과서적인 결론을 짓고 나면 대화를 더 이어나가기 어렵습니다. 이럴 땐 다소 엉뚱한 상상을 통해 대화의 폭을 마음껏 넓혀보는 건 어떨까요?

가령 "토끼가 코끼리를 초대해서 잘 대접하려면 어떻게 해야 할까?" "피자 한 판을 시켜서 하마랑 생쥐랑 여우에게 나눠주려면 어떻게 해야 할까?" 등등 아이의 상상력을 자극하는 질문을 만들어보세요. 생각지도 못한 엉뚱한 대답이 나올 수도 있습니다.

다만 아무리 엉뚱한 질문이라도 상대방을 어떻게 배려해야 하는지에 대한 기본적인 주제 의식은 지니고 있어야겠죠. 아이는 마음껏 상상의 나래를 펼치며 엉뚱한 대답을 하겠지만, 그렇게 엉뚱한 대화가 진행되는 동안에도 이야기의 주제는 계속해서 밑바닥에 깔려 있습니다. 따라서 아이는 무의식 중에 '서로서로 다른 점을 이해하고 배려하는 마음'을 인식하게 되지 않을까요?

아이의 생각정원 가꾸기

❶ 친구에게 서운한 감정을 느낀 적이 있나요? 언제, 왜 그랬는지 적어보세요.

🖉

❷ 누군가를 섭섭하게 한 적이 있나요? 언제, 왜 그랬는지 떠올려보세요.

🖉

❸ 생일을 맞이한 친구에게 어떤 선물을 주면 좋아할지 생각해본 적이 있나요? 언제 그랬는지 적어보세요.

🖉

"우리는 서로
얼마나 가까울까?"

고슴도치의 겨울나기

쌩쌩, 눈보라 치는 겨울밤이야. 어찌나 추운지 온 세상이 꽁꽁 얼어붙었지 뭐야. 고슴도치 형제도 숲속 오두막에서 오들오들 떨고 있었어.

"아아, 추워! 형, 이리 좀 와! 너무 머니까 더 춥잖아!"

"그래, 둘이 꼭 껴안고 있으면 따뜻해지겠지?"

고슴도치 형제는 점점 가까이 다가갔단다.

그리고 서로를 꼭 껴안는 순간!

"앗 따가워! 왜 찔러?"

동생이 빽 소리를 질렀어.

"앗 따가워! 네가 먼저 찔렀잖아!"

형도 막 소리치면서 펄쩍펄쩍 뛰었지 뭐야.

너무 달라붙는 바람에 둘 다 가시에 찔린 거야.

"저리 가! 가까이 오지 마!"

고슴도치 형제는 다시 저만치 떨어져 앉기로 했어.

휘잉, 횅! 눈보라는 점점 거세지고, 집은 점점 더 추워졌단다.

"아, 추워. 너무 추워!"

고슴도치 형제는 자기도 모르게 슬금슬금 다시 가까워졌어.

너무 추워서 좀 전에 가시에 찔린 것도 다 잊은 모양이야.

"앗 따가워! 또 찔렸잖아!"

형제는 다시 비명을 지르며 멀찌감치 떨어져 앉았어.

추우면 슬금슬금 가까이 다가가고,

가시에 찔리면 깜짝 놀라 다시 멀어지고……

고슴도치 형제는 밤늦게까지 똑같은 일을 되풀이했단다.

"형, 어떡하지? 멀리 떨어져 있으면 너무 춥고, 바싹 다가가면 가시에 찔리고……. 어떡하면 좋아?"

"있잖아. 조금만, 아주 조금만 가까이 앉아볼까?"

"그래, 바싹 붙어 앉으면 가시에 찔리니까. 조금만, 아주 조금만 떨어져 앉자."

고슴도치 형제는 다시 서로를 향해 조금씩 다가갔단다.

너무 멀지도, 너무 가깝지도 않게 조심조심, 조심조심.

"됐어, 딱 좋아!"

마침내 고슴도치 형제는 아주 적당한 거리를 찾아냈어. 너무 멀지도 않고, 또 너무 가깝지도 않게 말이야.

- 고슴도치 형제가 춥지 않게 지내는 방법이 또 없을까?

- 가시에 찔렸을 땐 서로가 미웠을 텐데 왜 또 다가갈까?

- 사람들끼리도 너무 가까우면 서로 찔릴까?

· 이렇게 대화해보세요 ·

처음엔 부모와 아이가 각자 역할을 맡아 읽고, 다음엔 역할을 바꾸어 아이가 부모의 대사를 읽게 합니다. 상대방 입장에서 묻고 답하는 동안 아이는 자연스럽게 질문하는 재미를 느껴볼 수 있을 것입니다.

아이 고슴도치가 너무 웃겨.

엄마 왜?

아이 "앗 따가워, 앗 따가워." 하면서 자꾸 껴안잖아.

엄마 맞아, 너무 웃기지? 그런데 멀리 떨어져 있으면 춥잖아. 겨울밤이 니까 무섭기도 했을 거야. 엄마는 고슴도치가 약간 불쌍해. 만약에 우리가 고슴도치라면 어땠을까?

아이 난 엄마 옆에 딱 달라붙어 있을 거야.

엄마 가시 때문에 따가운데도?

아이 그럼 찔리지 않게 조금만 떨어져 있을 거야.

엄마 고슴도치 형제처럼?

아이 응, 고슴도치 형제처럼.

엄마 그런데 만약에 추운 겨울밤이 아니라 더운 여름날이라면 어땠을 까?

아이 그럼 멀리 떨어져 있어야지. 가까이 붙어 있으면 덥잖아.

엄마 너도 그럴 거야? 엄마는 네가 너무 멀리 떨어져 있으면 쓸쓸할 것 같아. 넌 어떨 것 같니?

아이 그럼 조금만, 아주 조금만 떨어져 앉을 거야.

엄마 그러고 보니까 고슴도치도 사람도 가까이 있어야 할 때가 있고, 조금 떨어져 있어야 할 때가 있구나. 그럼 친구들과는 어떨까?

아이 친구들?

엄마 응, 엄마는 친구가 많잖아. 그런데 어떨 땐 친구들이랑 약간 떨어져 있고 싶기도 해.

아이 왜? 친군데 왜 떨어져 있고 싶어? 싸웠어?

엄마 싸우지 않았어도 가끔은 조용히 혼자 음악을 듣거나, 책을 읽고 싶을 때도 있거든. 그래서 친구와도 적당한 거리가 필요한 거 같아.

아이 적당한 거리? 고슴도치처럼?

엄마 응, 고슴도치처럼. 혼자 조용히 시간을 보내고 싶을 땐 약간 떨어져 있다가 친구가 보고 싶을 땐 카톡도 보내고 전화도 하는 거지.

아이 그래도 적당한 거리가 무슨 뜻인지 모르겠어.

엄마 그냥 이렇게 손만 뻗으면 닿을 수 있는 거리?

아이 어른들은 참 이상해. 난 친한 친구들이랑 언제나 가까이 있고 싶던데. 친구 사이에 왜 거리가 필요하지?

엄마 그래 맞아. 그래서 어른들은 늘 아이들이 부러운 모양이야.

- 사람들 사이의 거리가 너무 가까우면 어떻게 될까?

- 사람들 사이의 거리가 너무 멀면 어떻게 될까?

- 가까운 친구끼리도 서로 존중하고 예의를 갖춰야 할까?

인문학 대화법 Tip

묻기보다 듣기

혹시 아이에게 너무 많은 질문을 하고 있진 않나요?

혹은 이야기의 주제에 다가가기 위해 유도 질문을 하진 않나요?

의도적인 질문이나 너무 많은 질문은 아이를 힘들게 할 수 있습니다. 아이와 대화를 나누는 목적은 교육이 아니라 '생각의 즐거움'을 누리는 데 있다는 점을 잊지 마세요. 어릴 때부터 인문학을 공부의 대상으로 생각한다면 아이는 쉽게 지루해하거나 영영 등을 돌릴 수 있습니다. 반대로 인문학을 즐거운 놀이로 만들어줄 수 있다면 아이는 평생 '생각하는 즐거움'을 누릴 수 있겠죠.

많은 질문보다 재미있는 질문 한 가지를 놓고 아이가 수다스럽게 이야기할 수 있는 환경을 만들어보세요. 이때 부모의 역할은 아이의 말에 적절한 반응과 공감을 해주는 것입니다. 질문은 아이의 시간이지만, 경청은 부모의 시간입니다. 아이 스스로 대화를 주도해나갈 수 있도록 열심히 들어주세요.

아이의 생각정원 가꾸기

❶ 친구와의 사이가 너무 멀어서 남처럼 느껴진 적이 있나요? 언제 그랬는지 한 번 적어보세요.

✎ _____

_____

❷ 아주 가까운 친구가 나를 무시한 적이 있나요?

✎ _____

_____

❸ 혼자 있고 싶을 때가 있나요? 언제인지 기억해보세요.

✎ _____

_____

“ 작은 선행이 세상을
얼마나 바꿀 수 있을까? ”

📖
페인트공의 선행

어느 호숫가에 아빠, 엄마, 그리고 두 아이가 살았어. 아빠는 해마다 봄, 여름이면 아이들과 함께 뱃놀이를 즐겼단다. 호수 위에 작은 배를 띄워놓고 낚시도 하고, 배 위에서 낮잠도 자곤 했지.

여름이 지나고 찬바람이 불어올 즈음, 아빠는 호수에서 배를 끌어 올렸어. 날씨가 추워지면 뱃놀이를 할 수가 없잖아. 그래서 배를 창고에 보관해두려는 거야. 그런데 이게 뭐지? 가만 보니 배 밑에 작은 구멍이 하나 뚫려 있잖아. 아빠는 잠시 망설이다가,

'그래, 어차피 겨울 동안 배 탈 일도 없잖아. 내년 봄에 수리하지 뭐.'

하고는 배를 그냥 창고에 넣어뒀어.

그해 겨울, 호숫가 마을에 페인트공이 찾아왔어. 페인트공은 이 집 저

집 다니며 지붕도 칠하고 벽도 칠해줬단다. 아빠도 페인트공을 불렀어.

"창고에 작은 배가 있으니 새로 예쁘게 칠해주세요."

페인트공은 창고에서 한나절 동안 배를 열심히 칠해주고 돌아갔단다.

겨울이 지나고 봄이 일찍 찾아왔어. 겨울이 가고 봄이 오기만 애타게 기다리던 아이들은 며칠째 아빠를 졸라댔지.

"아빠, 배 타고 싶어요. 제발 허락해주세요!"

"그래, 내가 졌다. 허락하마. 하지만 점심 먹을 때까지다."

아이들은 야호, 하고 외치며 호숫가로 달려갔어.

그리고 한 두어 시간 흘렀나? 엄마가 부엌에서 혼자 중얼거렸어.

"애들이 왜 이렇게 늦지? 점심 먹을 때가 됐는데."

바로 그 순간 아빠는 번쩍 생각이 났어.

"아, 맞다! 배 밑에 구멍이 뚫려 있었잖아!"

아빠는 부리나케 호숫가로 뛰어갔어. 가슴이 쿵쿵 뛰고 온갖 불길한 생각들이 다 떠오르는 거야. 아이들은 아직 수영을 잘 못하거든.

'배가 가라앉았으면 어떡하지? 아이들이 물에 빠졌으면 어떡하지?'

아빠는 있는 힘껏 달리면서도 계속해서 자신을 꾸짖었어. 배에 구멍이 뚫려있었다는 생각을 왜 못했을까? 작년에 처음 구멍을 봤을 때 왜 수리하지 않았을까?

그때 호숫가에서 아이들 웃음소리가 들려왔어. 아이들이 노를 저어 돌아오고 있었던 거야.

'아, 하느님 감사합니다!'

아빠는 냉큼 달려가 아이들을 부둥켜안았단다. 그리고는 곧바로 배

바닥을 살펴봤어. 그런데 이게 어떻게 된 일이지? 구멍을 누가 막아놨잖아. 절대로 물이 새지 않도록 꼼꼼히 땜질까지 해놓은 거야.

"누가 구멍을 막아놨지? 혹시?"

그제야 아빠는 페인트공을 떠올렸어. 지난겨울 페인트공이 배에 칠을 할 때 구멍까지 다 막아준 거야.

그날 오후, 아빠는 선물을 사 들고 아이들과 함께 페인트공을 찾아갔단다. 당연하잖아. 아빠한테는 아이들 생명을 지켜준 은인이니까 말이야.

생각씨앗 찾기

- 처음 배 밑에 구멍을 발견했을 때 아버지는 어떻게 했나요?
- 아빠는 왜 선물을 사 들고 아이들과 함께 페인트공을 찾아갔을까?
- 페인트공은 왜 구멍을 수리해줬을까?

• 이렇게 대화해보세요 •

처음엔 부모와 아이가 각자 역할을 맡아 읽고, 다음엔 역할을 바꾸어 아이가 부모의 대사를 읽게 합니다. 상대방 입장에서 묻고 답하는 동안 아이는 자연스럽게 질문하는 재미를 느껴볼 수 있을 것입니다.

엄마 자, 지금 우리 옆에 주인공 두 명이 와있어. 페인트공이랑 아빠를 불렀거든. 먼저 페인트공한테 궁금한 거 물어봐. 그럼 엄마가 대신 대답할게.

아이 페인트칠을 할 때 배 밑에 난 구멍을 보셨나요?

엄마 네, 봤습니다.

아이 그때 어떤 생각을 하셨어요?

엄마 저 구멍을 그냥 놔두면 안 될 텐데, 이런 생각을 했죠.

아이 하지만 아저씨는 페인트칠만 하면 되잖아요?

엄마 구멍을 못 봤다면 페인트칠만 했겠죠. 하지만 구멍을 봤는데 어떻게 그냥 놔둘 수 있겠어요?

아이 그래서 구멍을 막으신 거예요?

엄마 뭐 그렇게 어려운 일도 아닌걸요. 조금만 손질하면 말끔하게 수리할 수 있어요.

아이 아저씨 덕분에 애들이 무사할 수 있었어요. 어쩌면 아저씨가 아이들 생명을 구한 건지도 몰라요. 정말 큰일을 하신 거잖아요.

엄마 이웃이라면 그 정도는 당연히 해야죠. 모른 척할 수 있나요.

아이 아저씨는 정말 친절한 분이세요. 호숫가 가족들이 평생 고마워할 거예요.

엄마 자, 그럼 이번엔 내가 아빠한테 질문할게. 네가 이야기 속 아빠 대
신 대답하는 거야. 알았지?

아이 응, 알았어.

엄마 처음 배 밑에 구멍이 난 걸 알았을 때 왜 곧바로 수리하지 않았나
요?

아이 어차피 겨울 동안 배를 안 탈 거니까 그냥 창고에 넣어두기로 했어요.

엄마 그리고 그대로 잊어버렸죠?

아이 네, 타기 전에 수리해야지 하다가 그냥 잊어버렸어요.

엄마 페인트공이 배를 새로 칠할 때도 생각이 안 났어요?

아이 그때도 까먹고 있었나 봐요. 제가 너무 무책임했어요.

엄마 솔직하게 인정해줘서 고마워요. 하지만 반성은 충분히 하셔야겠네
요, 그렇죠?

아이 지금도 반성하고 있어요.

엄마 아이들을 호수로 보내고 뒤늦게 배에 구멍이 났다는 걸 알았을 때
심정이 어땠나요?

아이 아이들한테 혹시라도 큰일이 생기면 어떡하나 너무너무 두려웠어
요. 지금도 그때만 생각하면 가슴이 쿵쿵 뛰어요.

엄마 아이들도 무사하고, 배 밑에 구멍도 말끔하게 메워져 있다는 걸 알
았을 때 기분이 어땠나요?

아이 페인트공 아저씨한테 감사했어요. 죽을 때까지 고마움을 잊지 않
을 거예요.

엄마 좋아요. 그 마음 잊지 않으셔야 해요.

아이 꼭 그럴게요.

엄마 자, 그럼 주인공 두 분은 이제 가셔도 좋아요. 오늘 정말 와주셔서
감사합니다.

아이 감사합니다!

생각 키우기

- 페인트공은 왜 시키지도 않았는데 배를 수리해줬을까?
- 페인트공이 배 밑에 난 구멍을 수리하지 않았다면 어떻게 됐을까?
- 이런 일을 겪고 난 뒤에 아버지는 어떤 반성을 했을까?

등장인물 초대하기

식탁에 아이와 함께 앉아보세요. 빈자리가 많아도 좋습니다. 메모지를 꺼내 이야기에 등장했던 인물들의 이름을 적어 빈자리 위에 올려두세요(인형에 이름을 적어 빈 의자에 앉혀둬도 좋겠네요). 이제 등장인물들을 다 초대했으니 인터뷰를 진행해볼까요? 이때 부모는 잠시 등장인물을 대신해서 대답해야 합니다.

아이는 이 이야기의 두 주인공인 아빠와 페인트공에게 묻고 싶은 것들을 다 물어봅니다. 먼저 아빠한테 물어볼까요?

"처음 배 밑에 작은 구멍을 발견했을 때 왜 수리하지 않았죠?"

"이번 일을 통해 무엇을 배웠나요?"

페인트공에게도 물어볼 말이 많습니다.

"그때 배를 새로 칠하면서 왜 구멍까지 막아주셨죠?"

"당신의 작은 선행이 두 아이를 살렸는데, 기분이 어떠세요?"

아이는 질문의 내용에 따라 경찰이 되기도 하고, 기자가 되기도 합니다. 등장인물들이 마치 살아 있는 사람이라도 되는 양 서로 묻고 답하는 동안 아이는 단순히 책을 읽는 것 이상의 색다른 재미를 느낄 수 있을 것입니다.

아이의 생각정원 가꾸기

❶ 아무도 시키지 않았는데 누군가에게 친절을 베푼 일이 있나요? 언제, 누구에게 그랬는지 적어보세요.

✏️
_____

_____

❷ 누군가가 나에게 친절을 베풀어서 감동한 적이 있나요? 언제였는지 떠올려보세요.

✏️
_____

_____

❸ 최근에 착한 일을 몇 번이나 했나요? 생각나는 대로 적어보세요.

✏️
_____

_____

"우리는 왜 망설일까?

개미는 허리가 왜 가늘어졌을까?

하루는 개미 한 마리가 길을 가다가 토끼를 만났어.

"토끼야, 무슨 급한 일이라도 있니? 어딜 그렇게 달려가니?"

토끼는 잠시 걸음을 멈추고는 이렇게 말했어.

"개미야, 너 몰랐구나? 지금 윗마을에 큰 잔치가 열렸대."

그러면서 토끼는 개미에게 함께 가자고 했어.

"잔치가 열렸다고? 그럼 나도 가야지!"

개미가 막 토끼를 따라가려고 하는데 이번엔 반대쪽에서 여우가 막 달려오잖아. 개미는 또 궁금해졌어.

"여우야, 넌 또 어딜 그렇게 급히 달려가니?"

그러자 여우가 개미에게 말했어.

"아랫마을에서 큰 잔치가 열렸대. 같이 갈래?"

이걸 어째? 개미는 고민에 빠지고 말았어. 윗마을 잔치도 궁금하고, 아랫마을에 어떤 잔치가 열렸는지도 궁금했거든.

'윗마을부터 갈까, 아랫마을부터 갈까? 만약에 윗마을부터 들렀다가 아랫마을에 갔는데 잔치가 다 끝나버리면 어떡하지?'

개미는 윗마을, 아랫마을 사이에서 이러지도 저러지도 못하는 처지가 되고 만 거야. 그 사이에 토끼랑 여우는 각자 윗마을, 아랫마을로 먼저 가버렸어.

한참 고민하던 개미는 무슨 생각이 들었는지 갑자기 집으로 달려갔단다. 잠시 후 개미는 두 아들을 데리고 나왔어. 그리고는 윗마을과 아랫마을 사이, 딱 중간 지점에 서더니 기다란 밧줄로 자기 허리를 묶지 않겠어? 그런 다음 밧줄의 양 끝을 두 아들 손에 쥐여주며 말했어.

"첫째야, 넌 이 줄을 꼭 쥐고 윗마을로 가거라. 둘째야, 넌 이 줄을 꼭 쥐고 아랫마을로 가거라. 그리고 잔치가 열리거든 밧줄을 세게 잡아당겨야 한다. 그럼 내가 부리나케 달려가마."

두 아들은 각자 밧줄을 잡고 윗마을, 아랫마을로 열심히 달려갔어.

"휴, 이제 됐다. 그럼 난 이제부터 어느 쪽 밧줄이 먼저 당겨지는지 느긋하게 기다리기만 하면 되겠지?"

개미는 잔뜩 설레는 마음으로 양쪽 밧줄을 번갈아 보며 기다렸어.

그런데 이를 어쩌지? 갑자기 양쪽 밧줄이 동시에 팽팽해졌잖아? 윗마을, 아랫마을에서 동시에 잔치가 열린 모양이야.

"어어, 큰일 났네! 이제 어떡하지?"

양쪽에서 밧줄을 잡아당기는 통에 개미는 꼼짝도 할 수가 없었어. 게다가 허리가 점점 조여 오는 바람에 숨도 제대로 쉴 수가 없잖아.

한참 뒤에 윗마을에서 첫째가 달려왔어. 곧이어 아랫마을에서 둘째가 달려왔지.

"아버지! 이게 어떻게 된 일이에요?"

두 아들은 깜짝 놀라고 말았어. 아버지가 바닥에 쓰러진 채 숨을 헐떡거리고 있었거든. 어디 그뿐이겠어? 허리가 바늘처럼 가늘어졌잖아.

"아버지, 허리가 왜 이렇게 가늘어졌어요?"

두 아들은 기가 막혀서 아무 말도 할 수 없었단다. 아무튼, 그때부터였대. 개미의 허리가 그렇게 가늘어진 게 말이야.

생각씨앗 찾기

- 윗마을과 아랫마을 사이에서 개미는 왜 망설였을까?
- 개미는 왜 집에 가서 두 아들을 데려왔을까?
- 개미는 허리가 왜 가늘어졌을까?

· 이렇게 대화해보세요 ·

처음엔 부모와 아이가 각자 역할을 맡아 읽고, 다음엔 역할을 바꾸어 아이가 부모의 대사를 읽게 합니다. 상대방 입장에서 묻고 답하는 동안 아이는 자연스럽게 질문하는 재미를 느껴볼 수 있을 것입니다.

아빠 아빠도 개미처럼 허리가 가늘어지고 싶어.

아이 그럼 밧줄로 아빠 허리를 감고 엄마랑 나랑 양쪽에서 막 잡아당길까?

아빠 그러다가 정말 아빠가 개미로 변하면 어떻게 될까?

아이 그럼 아빠는 굉장히 유명해질 거야. 이 세상에서 제일 큰 개미라고. 텔레비전에도 나오고 유튜브에도 나오고.

아빠 한 번 해보자! 밧줄 어디 있지?

아이 이따 엄마 오면 꼭 당겨줄게!

아빠 좋았어. 그런데 너라면 어떻게 할 것 같니?

아이 뭘?

아빠 만약에 친구 집에서 파티가 열렸어. 그런데 우리 집에서도 멋진 파티가 열린 거야. 그럼 넌 어떻게 할 것 같아?

아이 음, 친구 집에 가서 놀다가 집에 와서 또 놀면 되지.

아빠 친구 집에서 늦게까지 놀다 오면 엄마, 아빠는 자고 있을 텐데?

아이 그럼 친구 집에서 조금만 놀다 올게.

아빠 그럼 친구들이 서운해하지 않을까?

아이 고민인데?

아빠 그래, 이렇게 둘 중에 꼭 하나만 선택해야 할 땐 다른 건 포기해야만 해.

아이 둘 다 너무너무 포기하기 싫을 땐 어쩌지?

아빠 그럼 개미처럼 밧줄로 묶어서 잡아당기든지.

아이 난 개미가 되기 싫어.

아빠 살다 보면 뭔가를 선택해야 할 때가 아주 많아. 그런데 어떤 사람은 그때마다 망설이고 갈등하다가 끝내 잘못된 선택을 하고 말거든.

아이 그럼 갈등하지 않고 좋은 선택을 하려면 어떻게 해야 해?

아빠 갈등이 없을 순 없어. 하지만 하나를 선택하고 나면 그땐 선택한 것에만 집중해야 해. '아, 이것 말고 저걸 선택할걸.' 이렇게 미련을 가지면 선택한 것마저 잃기 쉽잖아.

아이 아빠는 어때?

아빠 아빠도 개미처럼 되고 싶진 않아.

아이 앞으로 뭘 선택해야 할 때 망설여지면 개미를 생각해야겠어.

아빠 그거 좋은 생각인걸? 이럴까 저럴까 망설여질 때마다 개미허리를 생각하는 거야.

- 갈등이란 무엇일까?

- 무엇을 선택할 때 왜 갈등하게 될까?

- 선택과 포기는 어떤 관계일까?

인문학 대화법 Tip

웃음을 공유하는 대화

때로는 이야기 속에서 웃음거리를 찾아보세요. 의미 있는 대화를 나눠야 한다는 부담 따위는 훌훌 털어버리고, 자녀와 함께 한바탕 웃어봅니다. 개미처럼 아빠 허리에 줄을 감아 양쪽에서 당겨가며 웃어보세요. 언젠가 아이가 길에서 개미를 발견한다면, 가족이 함께 웃었던 일들을 떠올리겠죠. 그리고 자연스럽게 이 이야기도 떠올리지 않을까요?

교훈이나 의미가 아닌 즐거운 추억으로 기억되는 이야기를 좀 더 많이 남겨보세요. 머리에 저장된 이야기보다 가슴에 새겨진 이야기가 더 오래갑니다. 그렇게 내면이 점점 풍요로워지겠죠.

아이의 생각정원 가꾸기

❶ 여러 가지 중에서 한 가지만 선택해야 했던 기억이 있나요? 생각나는 대로
적어보세요.

❷ 무엇인가를 선택한 뒤에 '이것 말고 다른 것을 선택할걸' 하며 후회한 적이
있나요? 기억을 떠올려보세요.

❸ 무엇인가를 정말 잘 선택했다고 기뻐한 적이 있나요? 언제인가요?

우리는 왜 미래를 꿈꿀까?

하루라는 시간은 얼마나 귀할까?

실천이란 무엇일까?

불안한 마음은 왜 생기는 걸까?

행복은 얼마일까?

자유롭다는 건 어떤 것일까?

진짜 용기란 무엇일까?

겉만 보고 판단해도 될까?

마음으로부터 도망칠 수 있을까?

4장

자존감이 높은 아이는
내면이 단단하다

66 우리는 왜
미래를 꿈꿀까? 99

산봉우리로 올라간 소년들

옛날 어느 인디언 부족에 아주 현명한 추장이 살았어. 부족민들은 누구보다 용감하고 지혜로운 추장을 한없이 존경했단다. 하지만 아무리 뛰어난 추장이라도 흐르는 세월을 이겨낼 순 없잖아.

그 젊고 용맹하던 추장도 어느새 머리가 희끗희끗해지고 몸도 아주 허약해졌어. 이젠 예전처럼 부족을 이끌어갈 힘도 없단 말이야.

어느 날 추장은 부족에서 가장 뛰어난 세 명의 소년을 불러 앉혔어. 그리고 한 사람, 한 사람 쳐다보며 이렇게 말했단다.

"너희들 중에서 나의 후계자를 뽑을 생각이다."

세 명 모두 훌륭한 소년들이었고, 추장이 될 자격도 충분했어. 하지만 추장은 셋 중에서도 가장 지혜롭고 용감한 소년을 뽑아야 해.

"저기 저 눈 덮인 산봉우리가 보이느냐? 저 산봉우리까지 가장 먼저 갔다 오는 자를 후계자로 삼겠다. 단, 산봉우리까지 갔다 온 증거물을 꼭 가져와야 한다."

소년들은 눈 덮인 산봉우리를 향해 힘차게 달렸어. 워낙에 높고 험해서 아무도 오르려 하지 않는 산이었지만, 부족의 후계자를 꿈꾸는 세 명의 소년은 정상을 향해 거침없이 내달렸지.

늙은 추장은 멀리 눈 덮인 산을 바라보며 소년들이 돌아오기를 기다렸어. 누가 먼저 도착할까? 추장은 담담하게 미소만 지을 뿐이야.

해가 저물 무렵, 드디어 첫 번째 소년이 거친 숨을 내쉬며 도착했어.

"산봉우리까지 갔다 왔느냐? 증거를 보여다오."

소년은 손에 쥐고 있던 풀 한 포기를 내밀었어. 그 풀은 오직 눈 덮인 산봉우리에서만 자라는 신비로운 약초였지.

곧이어 두 번째 소년이 달려왔어.

"산봉우리까지 갔다 왔느냐? 증거를 보여다오."

두 번째 소년은 손에 쥐고 있던 돌멩이를 내밀었어. 그 돌멩이는 오랫동안 눈 덮인 산봉우리에 박혀 있던 신비로운 돌이었지.

한참 뒤에 세 번째 소년이 돌아왔어.

"산봉우리까지 갔다 왔느냐? 증거를 보여다오."

하지만 소년은 빈손이었어.

"너는 봉우리에 가지 않았더냐?"

"저도 산봉우리에 올라갔어요. 하지만 저는 아무것도 가져올 수 없었어요."

"왜 가져올 수 없었느냐?"

그러자 소년은 이렇게 대답했단다.

"저는 산 너머에 펼쳐진 넓고 기름진 땅을 보았어요. 그 땅을 제가 어찌 가져올 수 있겠어요? 하지만 우리 부족이 저 산 너머 기름진 땅으로 이주한다면, 지금보다 훨씬 풍요롭게 살아갈 수 있을 거예요."

"우리 부족 전체가 저렇게 높은 산을 넘을 수 있을 것 같으냐?"

"산 너머에 기름진 땅이 있고, 우리 부족의 미래가 있다고 알려야죠. 우리 부족에게 희망을 줘야 해요."

추장은 그제야 미소를 지으며 이렇게 말했어.

"너는 우리 모두의 미래를 보고 왔구나."

그리고 추장은 부족의 찬란한 미래를 꿈꾸는 세 번째 소년을 자신의 후계자로 삼았단다.

생각씨앗 찾기

- 추장은 왜 소년들에게 증거물을 꼭 가져와야 한다고 했을까?
- 첫 번째 소년과 두 번째 소년은 각각 어떤 증거를 보여줬을까?
- 세 번째 소년은 왜 증거물을 갖고 오지 못했을까?

· 이렇게 대화해보세요 ·

처음엔 부모와 아이가 각자 역할을 맡아 읽고, 다음엔 역할을 바꾸어 아이가 부모의 대사를 읽게 합니다. 상대방 입장에서 묻고 답하는 동안 아이는 자연스럽게 질문하는 재미를 느껴볼 수 있을 것입니다.

엄마 엄마도 인디언 소년들처럼 높은 산봉우리에 올라보고 싶어.

아이 왜?

엄마 그 높은 꼭대기에서 우리 가족의 미래를 볼 수 있다면 얼마나 좋을까? 너의 미래, 아빠의 미래, 그리고 엄마의 미래.

아이 꼭대기에 올라가면 정말 미래가 보여?

엄마 우리, 상상으로 한번 올라가 볼까? 머릿속에 아주 높은 산을 떠올려보는 거야. 엄마는 눈 감았어.

아이 나도 눈 감았어.

엄마 자, 우린 지금 눈 덮인 산꼭대기에 서 있어. 느껴지니?

아이 아직.

엄마 느껴지니?

아이 응, 굉장히 높아. 그리고 좀 추워.

엄마 이리 와. 엄마가 안아줄게. 자, 이 산꼭대기에서는 뭐든지 보려고 하면 보여. 우리 미래도 보일 거야. 네가 먼저 말해볼래? 어떤 미래가 보이는지.

아이 음, 아빠랑 엄마가 보여. 손을 잡고 있어. 집이 보이는데 엄마가 좋아하는 테라스도 있고 마당도 넓어. 거기가 미래의 우리 집인 것 같아. 어, 나도 보이네? 대학생 같은데?

엄마 엄마도 보여. 너 참 멋지게 컸다! 활짝 웃고 있어.

아이 엄마랑 아빠도 아주 행복한 표정이야.

엄마 미래의 너는 무슨 일을 하고 있니? 대학생이면 전공이 있을 텐데? 네가 꿈꾸던 대로 그림을 그리고 있니?

아이 미술도구를 들고 있어. 지금보다 그림을 훨씬 잘 그리는 것 같아.

엄마 아빠도 꿈을 이룬 모양이지? 엄마가 원하던 집으로 이사했으니까?

아이 거실에 피아노가 보여. 엄마 소원이 다시 피아노를 치는 거잖아. 엄마도 소원을 이룬 것 같아.

엄마 좋았어. 그럼 이제 슬슬 눈을 떠볼까? 하나, 둘, 셋!

아이 눈 떴어.

엄마 느낌이 어때?

아이 꼭 미래를 보고 온 느낌이야.

엄마 미래가 생생하게 보였니?

아이 처음에는 희미했지만, 점점 선명해지는 것 같았어. 기분이 너무 좋아.

엄마 엄마도 그래.

아이 엄마, 우리 그 산봉우리에 자주 올라가자.

엄마 좋아! 하루에 한 번씩 올라가는 거야.

- 추장은 왜 소년들을 높은 산봉우리로 보냈을까?
- 추장은 왜 세 번째 소년을 후계자로 삼았을까?
- 왜 미래를 꿈꾸는 사람이 우두머리가 되어야 할까?

인문학 대화법 Tip

지금보다 나은 미래를 상상해보기

'1년 뒤에 우리 가족은 어떤 모습일까?'
'5년 뒤에 내 모습은 어떻게 바뀌어 있을까?'
'10년 뒤에 우리 가족은 어떤 집에서 살고 있을까?'
우선은 구체적인 꿈이나 소망을 묻는 게 아니라 가까운 미래, 먼 미래의 모습을 그저 상상해보는 겁니다. 여기에는 어떤 조건도, 장애물도 없습니다. '기분 좋은 상상' 그 자체가 목적이니까요.
이런 상상을 하다 보면 조금씩 서로의 소망을 알아가게 됩니다. 그리고 꼭 이루고 싶은 소망이 무엇인지도 알게 되겠죠. 그리고 이때부터는 가능한 한 구체적으로, 마치 미래의 그 순간을 지금 누리고 있는 것처럼 생생하게 말해보세요. 노트에 써놔도 좋겠죠. 1년 뒤에, 5년 뒤에 다시 펼쳐봤을 때 정말 상상했던 대로 이루어지는 경우도 얼마든지 있을 테니까요.

아이의 생각정원 가꾸기

❶ 나의 미래에 대해서 생각해본 적이 있나요? 미래의 나는 어떤 사람일까요?
한 번 적어보세요.

❷ 우리 가족은 어떤 미래를 꿈꾸고 있을까요?

❸ 꿈꾸는 미래를 위해 지금 당장 해야 할 일이 무엇인지 생각나는 대로 적어보
세요.

"하루라는 시간은 얼마나 귀할까?"

벌거숭이 왕

어느 날 주인이 젊은 노예를 불렀어.

"너는 이제 자유의 몸이다. 내가 너에게 재산을 넉넉히 나눠줄 테니 어디든 가서 행복하게 살아라."

"주인님, 감사합니다!"

젊은이는 곧장 배에 올랐어. 바다 건너 새로운 땅에 가서 살고 싶었거든. 그런데 가는 도중에 그만 커다란 폭풍을 만났지 뭐야. 배는 파도에 휩쓸려 침몰하고 말았어.

젊은이는 죽기 살기로 헤엄쳐서 가까운 섬에 도착했단다. 다행히 목숨을 건지긴 했지만, 이제 앞날이 캄캄했어. 재산도 다 잃고, 옷도 다 찢어져서 벌거숭이가 되고 말았거든.

"아, 이제 어떻게 살아야 할까?"

그때 갑자기 숲에서 원주민들이 우르르 몰려왔어. 그리고는 다짜고짜 젊은이를 가마에 태우더니 숲속 궁전으로 데려가지 않겠어?

그때부터 원주민들은 젊은이를 왕으로 모셨어. 화려하고 아늑한 침실은 물론이고 식탁 위에는 언제나 진수성찬이 차려져 있었지. 궁전에는 신하들이 길게 늘어서서 왕의 명령을 기다렸어. 이게 꿈이야, 생시야? 벌거숭이 몸으로 섬에 떠밀려 온 사람을 왕으로 떠받드는 게 이상하잖아.

젊은이는 궁금해서 신하에게 물었어.

"도대체 왜 나를 왕으로 떠받드는 겁니까?"

그러자 신하가 이렇게 대답했단다.

"사실 저희는 이 섬에 온 사람을 딱 1년 동안만 왕으로 모신답니다."

"1년 동안 왕으로 모신다고요? 그럼 1년이 지나면 어떻게 되죠?"

"1년 뒤에는 여기서 가까운 무인도로 가서 혼자 살아야 합니다."

젊은이는 깜짝 놀랐어. 1년이 지나면 아무도 살지 않는 섬에서 혼자 살아야 한다니 얼마나 기가 막히겠어.

다음 날 젊은이는 혼자 무인도에 가보기로 했어. 도대체 어떤 섬인지 직접 확인해보고 싶잖아. 그런데 무인도에 도착하자마자 엉엉 울고 싶어졌어. 풀 한 포기, 나무 한 그루조차 없는 황량한 섬이었거든.

"아, 이런 데서 어떻게 살란 말이지?"

그 뒤로 젊은이는 날마다 무인도를 찾아갔어.

"여기서 왕 노릇을 하기에도 시간이 부족한데 왜 무인도를 찾아갈까?"

대체 왕은 무인도에서 뭘 하는 거지?"

원주민들은 왕이 왜 매일매일 무인도에 다녀오는지 알 수가 없었단다.

그렇게 한 달, 두 달 시간이 지나고 벌써 1년이 흘렀어. 원주민들은 젊은이를 바닷가로 데려갔지. 마지막으로 왕을 배웅하려고 말이야. 젊은이는 배에 오르더니 활짝 웃으며 원주민들에게 말했어.

"그동안 고마웠어요. 여러분들을 잊지 못할 거예요. 다들 안녕!"

원주민들은 무인도로 떠나는 젊은이의 표정이 왜 그렇게 밝고 환한지 알 수가 없었단다.

배는 넘실넘실 파도를 넘어 무인도로 향했어. 젊은이는 눈앞에 보이는 무인도를 보며 흐뭇한 표정을 지었어. 왜냐고? 황량하기 짝이 없던 무인도가 그새 몰라보게 변해 있었거든. 섬 곳곳에 예쁜 꽃들이 피어 있고, 야자나무 숲에는 탐스러운 과일들이 주렁주렁 열려 있었어. 정말 살기 좋은 섬이 되어 있었던 거야. 그 황량하던 무인도가 어떻게 이런 멋진 섬으로 변했을까?

젊은이는 야자나무 숲으로 발걸음을 옮기며 지난날을 떠올렸어. 매일매일 하루도 빠짐없이 무인도를 찾아와 밭을 갈고 열심히 나무를 심던 날들을.

- 원주민들은 왜 벌거숭이 노예를 왕으로 받들었을까?
- 젊은이는 1년 동안 무엇을 했을까?
- 무인도는 어떻게 살기 좋은 섬으로 바뀌었을까?

• 이렇게 대화해보세요 •

처음엔 부모와 아이가 각자 역할을 맡아 읽고, 다음엔 역할을 바꾸어 아이가 부모의 대사를 읽게 합니다. 상대방 입장에서 묻고 답하는 동안 아이는 자연스럽게 질문하는 재미를 느껴볼 수 있을 것입니다.

아이 엄마, 뭐해?

엄마 그림 그려. 이야기를 그림으로 그려보는 거야.

아이 나도 그릴래.

엄마 좋았어. 그럼 우리 그림 그리면서 이야기해보자. 잘 그릴 필요는 없어. 그냥 생각나는 대로 그리기.

아이 응, 난 벌거숭이 왕부터 그릴 거야. 창피할 테니까 풀잎으로 약간 가려줬어.

엄마 원주민들이 젊은이한테 그랬잖아. 1년 뒤에는 무인도로 가야 한다고 말이야. 그 말을 들었을 때 젊은이 기분이 어땠을까?

아이 너무 실망스러웠을 거야. 평생 왕으로 살고 싶었을 텐데.

엄마 젊은이가 실망해서 계속 우울하게 지내거나 1년 동안 왕 노릇만 했더라면 나중에 어떻게 됐을까?

아이 무인도가 살기 좋은 섬으로 변하지 않았을 거야. 엄마, 나 지금 무인도 그리고 있는데, 어때?

엄마 와, 정말 살기 좋은 섬으로 변했네? 이런 섬이라면 엄마도 가서 살아보고 싶다.

아이 엄마는 뭐 그린 거야?

엄마 응, 원주민들을 그렸어. 어떻게 생겼을지 궁금해서 그냥 그려본 거야.

아이 원주민들은 약간 신비로운 것 같아.

엄마 젊은이가 매일매일 무인도에 가서 나무 심는 장면도 그려볼까? 나중에 그림만 보고도 이야기를 알 수 있게 말이야.

아이 내가 꼭 그림책 작가가 된 것 같아.

엄마 넌 얼마든지 그림책 작가가 될 수 있어.

아이 정말? 어떻게 하면 되는데?

엄마 벌거숭이 왕처럼 하면 돼.

아이 벌거숭이 왕처럼? 아, 매일매일 무인도에 가서 나무 심기?

엄마 응, 매일매일 조금씩 그림 연습을 하는 거야. 그럼 1년 뒤에는 지금보다 훨씬 더 잘 그리게 되지 않을까? 2년, 3년 뒤에는 더, 더, 더 잘 그리게 될 거야.

아이 무인도가 살기 좋은 섬으로 바뀐 것처럼?

엄마 물론이지.

- 젊은이는 처음 무인도를 봤을 때 무슨 생각을 했을까?
- 만약에 젊은이가 1년 동안 왕 노릇만 즐겼다면 나중에 어떻게 됐을까?
- 내가 젊은이였다면 1년 동안 어떻게 살았을까?

인문학 대화법 Tip

그림을 그리며 대화하기

커다란 종이를 가운데 두고 아이와 마주 앉아 그림을 그려가며 대화를 나누어 보세요.

섬의 원주민들은 어떻게 생겼을까?

벌거숭이 왕은 어떻게 생겼을까?

왕이 1년 동안 가꾼 무인도는 어떤 모습으로 변했을까?

이런 상상을 하면서 낙서하듯이 그림을 그려보면 훨씬 몰입도가 높아질 겁니다. 그림을 잘 그릴 필요는 없습니다. 아이가 그린 그림에 부모가 덧칠하거나, 부모의 그림을 아이가 고칠 수도 있습니다. 대화가 진행될수록 그림도 점점 많아지겠죠? 그래서 대화가 끝날 즈음 커다란 종이에는 한 편의 이야기는 물론 그 이야기를 둘러싼 두 사람의 생각과 마음도 고스란히 남아 있을 겁니다.

아이의 생각정원 가꾸기

❶ 오늘 꼭 해야 할 일을 내일로 미룬 적이 있나요? 언제 어떤 일을 미뤘는지 적어보세요.

✎ _____

_____

❷ 지금 당장은 하기 싫지만, 미래를 위해 꼭 해야만 하는 일이 있나요? 잘 생각해보고 생각나는 대로 적어보세요.

✎ _____

_____

❸ 무엇인가를 이루기 위해 계획을 세워본 적이 있나요? 어떤 계획인지 적어보세요.

✎ _____

_____

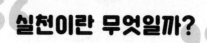

실천이란 무엇일까?

누가 방울을 달지?

찍찍, 찍찍, 찍찍찍!

한 마리, 두 마리, 세 마리……, 쥐가 한두 마리가 아니야. 마을에 숨어 살던 쥐들이 모두 한자리에 모였지 뭐야. 대체 무슨 일일까?

"한 마리도 빠짐없이 다 모였나요?"

우두머리 쥐가 사방을 둘러보며 말했어. 쥐들은 서로 얼굴을 마주 보며 고개를 끄덕였단다. 한 마리도 빠짐없이 다 모였다는 뜻인가 봐.

"오늘 이렇게 다들 모이라고 한 건 바로 고양이 때문입니다."

우두머리 쥐의 입에서 '고양이'라는 말이 나오자마자 쥐들은 찍찍, 비명을 지르며 서로 부둥켜안았어. 말만 들어도 덜덜 떨 만큼 고양이가 무서웠던 거야.

"우리 쥐들은 오랫동안 고양이한테 시달려왔어요. 그 무시무시하고 난폭한 고양이 때문에 단 하루도 마음 편하게 살아본 적이 없습니다. 여러분, 이대로 계속 고양이를 두려워하며 살겠습니까?"

아무도 대답을 하지 못했어. 그런데 저 뒤에서 젊은 쥐 한 마리가 벌떡 일어서서 말했단다.

"계속 이렇게 살 순 없어요! 날마다 두려움에 떨면서 사는 건 정말 너무 괴로워요. 이렇게 사는 건 사는 게 아니에요!"

그러자 다른 쥐들도 덩달아 한 마디씩 말하기 시작했어.

"밤에도 고양이가 언제 나타날지 몰라 잠을 잘 수가 없어요."

"밥을 먹을 때도 고양이 걱정 때문에 소화가 안 돼요."

"고양이만 없으면 정말 행복하게 살 수 있을 거예요."

구석에 앉아있던 쥐가 말했어.

"하지만 방법이 없잖아요? 우리처럼 약한 쥐들이 어떻게 고양이를 당해낼 수 있겠어요?"

우두머리 쥐가 말했어.

"그러니까 이렇게 모인 거잖아요. 다 함께 머리를 모아 좋은 수를 생각해봅시다!"

웅성웅성 찍찍, 수군수군 찍찍, 여기저기서 소란이 벌어졌단다.

그때 젊은 쥐가 큰 소리로 말했어.

"여러분, 고양이 목에 방울을 다는 건 어떨까요? 그럼 방울 소리가 들릴 때마다 미리미리 피할 수 있잖아요?"

"그거 정말 좋은 생각이네요!"

다들 손뼉을 치며 찬성했단다. 그런데 바로 그때 우두머리 쥐가 말했어.

"좋아요, 좋아요! 그럼 고양이 목에 방울을 달기로 합시다. 그런데 우리 중에서 누가 방울을 달면 좋겠습니까?"

박수 소리가 딱 멈추더니 침묵이 흘렀어. 조금 전까지 손뼉을 치며 좋아하던 쥐들이 갑자기 조용해진 거야.

"아무도 없습니까? 아무도 없어요?"

쥐들은 고개만 푹 숙이고 있었어. 단 한 마리도 손을 드는 쥐가 없었단다.

생각씨앗 찾기

- 쥐들은 왜 고양이 목에 방울을 달기로 했을까?
- 쥐들의 회의는 어떻게 끝이 났을까?
- 앞으로 쥐들은 어떻게 살아갈까?

· 이렇게 대화해보세요 ·

처음엔 부모와 아이가 각자 역할을 맡아 읽고, 다음엔 역할을 바꾸어 아이가 부모의 대사를 읽게 합니다. 상대방 입장에서 묻고 답하는 동안 아이는 자연스럽게 질문하는 재미를 느껴볼 수 있을 것입니다.

아이 쥐는 겁이 많은 것 같아.

아빠 맞아, 쥐는 겁이 많은 것 같아. 그런데 다른 동물은 겁이 없을까? 고양이나 개, 아니 어쩌면 호랑이나 사자도 겁이 많을걸?

아이 에이, 호랑이랑 사자는 겁이 없잖아.

아빠 호랑이랑 사자는 겁이 없다고? TV에서 봤잖아. 사냥꾼이 총을 겨누니까 호랑이도 사자도 막 도망가던걸?

아이 그럼 사냥꾼이 제일 강한 거야? 겁도 없고?

아빠 사냥꾼도 사람이잖아. 세상엔 사람보다 센 동물이 아주 많아.

아이 그럼 이 세상에 겁이 없는 동물은 하나도 없어?

아빠 글쎄, 아빠가 알기론 이 세상에 겁이 없는 동물은 하나도 없는 것 같아. 사람도 동물도 자기보다 강하고 무서운 상대가 있어. 그래서 늘 조심하면서 살아갈 수밖에 없지.

아이 음, 그래서 쥐들이 고양이 목에 방울을 달려고 한 거야?

아빠 그렇겠지? 쥐들이 고양이를 이길 수는 없으니까 목에 방울이라도 달고 싶었을 거야. 딸랑딸랑 방울 소리가 나면 도망칠 수 있으니까.

아이 그런데 왜 아무도 나서지 않아? 용감한 쥐가 한 마리도 없어서 그런 거야?

아빠 자기 목숨을 걸어야 할 만큼 위험한 일이거든. 네가 쥐라면 고양이 목에 방울을 달 수 있겠니?

아이 아니, 무서워.

아빠 아빠도 무서워. 어쩌면 쥐들은 누군가 용감한 쥐 한 마리가 나타나서 고양이 목에 방울을 달아주길 바랐을지도 몰라.

아이 자기는 못 하면서 남이 해주길 바라는 거야?

아빠 응, 사람도 마찬가지란다. 자기는 선뜻 나서지 못 하면서 누군가 대신 나서기를 바랄 때가 있어.

아이 아빠는 용감하게 나선 적 있어?

아빠 한두 번 있었던 것 같아. 물론 목숨을 걸어야 할 만큼 위험한 일은 아니지만, 가끔은 꼭 나서서 용감하게 솔선수범해야 할 때가 있거든.

아이 그럼 아빠는 아주 강한 사람이네?

아빠 용감하다고 꼭 강한 건 아니야. 겁이 많고 약해도 용감하게 행동해야 할 때가 있단다.

아이 그게 언젠데?

아빠 너를 위해서, 우리 가족을 위해서, 아니면 친한 동료들을 위해서라면 아무리 두려워도 용기를 내야지. 안 그래?

아이 아빠가 만약에 쥐였다면 고양이 목에 방울을 달았을 거야.

- '누가 대신해줬으면' 하고 바라는 것과 내가 직접 하는 것에는 어떤 차이가 있을까?
- 나는 '생각만 하는 사람'일까 '실천하는 사람'일까?
- 고양이 목에 방울 다는 것 말고 다른 방법은 없을까?

인문학 대화법 Tip

아이의 말을 따라 해보기

가끔은 아이가 했던 말을 그대로 따라 해보세요.

"쥐는 겁이 많은 것 같아." 가령 아이가 이렇게 말했다면 "맞아, 쥐는 겁이 많은 것 같아."라고 반복해보는 겁니다. "고양이 목에 꼭 방울을 달아야 해?"라고 아이가 말하면 "고양이 목에 꼭 방울을 달아야 할까?"라고 되물어보세요.

아이의 말을 부모가 제대로 잘 듣고 있다는 표시이기도 하지만, 아이 스스로 자기가 했던 말을 되새기는 효과도 있습니다. 따라 하기는 일종의 미러링입니다. 아이의 말뿐만 아니라, 표정, 손짓도 따라 해보세요. 이렇게 형성된 공감 속에서 대화는 점점 더 활발해지지 않을까요?

아이의 생각정원 가꾸기

❶ '언젠간 꼭 해야지' 하며 미뤄둔 일이 있나요? 어떤 일들인지 적어보세요.

---

❷ 꼭 하고 싶지만 두려워서 못 하는 일이 있나요? 어떤 일들인지 적어보세요.

---

❸ 지금 어떤 꿈을 꾸고 있나요? 꿈을 적어보고, 꿈을 이루기 위해 무엇을 해 야 할지 한 번 적어보세요.

불안한 마음은 왜 생기는 걸까?

📖 진주보다 귀한 것

옛날 바닷가 마을에 젊은 어부가 살았어. 어부는 참 부지런하고 성격도 느긋한 편이야. 어느 날 바닷가에서 한 노인을 만났어. 마침 노인은 모래 속에서 뭔가를 찾았는지 허리를 숙이고 있었어.

"어르신, 조개껍데기라도 줍고 계신 모양이죠?"

이렇게 말을 건네다가 어부는 깜짝 놀라고 말았어. 노인 손바닥에 커다란 진주 한 알이 반짝반짝 빛나고 있었거든.

"세상에, 방금 진주를 주우신 거예요?"

"아, 이거 말인가? 구슬이 참 예쁘구나, 했는데 역시 진주였구먼."

노인은 진주가 구슬인 양 아무렇지도 않게 만지작거렸어.

'아, 저 값비싼 진주를 내가 먼저 주웠더라면…….'

어부는 진주가 무척 탐이 났어. 그때 갑자기 노인이 이러는 거야.

"자네, 이 진주가 갖고 싶은 눈치로군."

"당연하죠. 그렇게 귀한 진주를 마다할 사람이 어디 있겠어요?"

"그럼 자네가 갖게."

그러면서 노인은 어부에게 진주를 불쑥 내밀었어. 어부는 기뻐서 어쩔 줄 몰랐지. 이게 꿈인지 생시인지도 모를 정도야.

"감사합니다, 어르신! 정말 감사합니다!"

어부는 노인에게 꾸벅 절을 하고는 냉큼 집으로 달려갔어. 행여나 노인의 마음이 바뀔까 봐 뒤도 안 돌아보고 얼마나 빨리 달렸는지 몰라.

어부는 집에 돌아오자마자 진주를 궤짝 깊숙이 숨겨뒀어. 혹시라도 누가 훔쳐 가면 큰일이잖아. 정말이지 이만저만 불안한 게 아니야.

그날 밤 잠을 자려고 눕긴 했지만, 잠이 오겠어?

'도둑이 들어와서 궤짝을 통째로 들고 가면 어떡하지?'

어부는 벌떡 일어나 궤짝 속에 있던 진주를 다시 꺼냈어. 그리고는 이걸 어디다 숨길까, 하고 두리번거렸지.

'벽장 속에 숨길까, 창고에 숨길까?'

진주를 어디다 숨길지 생각하느라 어부는 한숨도 못 잤어.

'아무래도 안 되겠다. 아무도 없는 곳으로 가야겠어.'

어부는 날이 밝자마자 뒷산 동굴로 달려갔어. 아무도 찾지 않는 곳이라 안심할 수 있을 것 같았지. 하지만 캄캄한 동굴 속에 앉아있어도 불안한 건 여전하단 말이야. 바람결에 나뭇잎이 떨어지는 소리만 들려도 벌떡 일어날 정도였거든.

그렇게 불안에 떨면서 몇 날 며칠을 보냈는지 몰라. 밥 생각도 안 나고 잠도 잘 수가 없었어.

어느 날 어부는 물을 마시려고 동굴 밖으로 나와 냇가에 쪼그리고 앉았어. 그때 물 위에 비친 자기 얼굴을 본 거야.

'저게 누구지? 저게 나란 말인가?'

볼살이 쏙 빠지고 눈이 퀭한 게 꼭 해골 같잖아. 어부는 충격을 받았어. 어쩌다 이렇게 됐는지 자신이 한심했지.

어부는 벌떡 일어나 바닷가로 달려갔어. 그때 그 노인을 찾아간 거야. 마침 노인은 그날도 바닷가를 거닐고 있었지.

"어르신, 어르신! 이 진주를 돌려드릴게요."

"그 귀한 진주를 왜 돌려주려고 하나?"

"제발 이 진주를 받으세요. 불안해서 못살겠어요. 저는 진주보다 더 귀한 것을 원합니다."

"진주보다 더 귀한 게 뭔가?"

"바로 어르신의 지혜입니다. 어르신께서는 이 귀한 진주를 아무렇지도 않게 제게 주셨잖아요. 어떻게 그럴 수 있죠? 그것이야말로 진주보다 귀한 지혜가 아닌가요?"

노인은 고개를 끄덕이며 껄껄 웃었어. 어부도 노인을 따라 활짝 웃었단다. 참 오랜만에 짓는 웃음이었어.

- 노인은 왜 어부에게 진주를 선뜻 내주었을까?
- 진주를 얻기 전과 얻은 후에 어부는 어떻게 바뀌었을까?
- 어부는 왜 진주를 다시 노인에게 돌려줬을까?

• 이렇게 대화해보세요 •

처음엔 부모와 아이가 각자 역할을 맡고 읽고, 다음엔 역할을 바꾸어 아이가 부모의 대사를 읽게 합니다. 상대방 입장에서 묻고 답하는 동안 아이는 자연스럽게 질문하는 재미를 느껴볼 수 있을 것입니다.

아빠 우리 '왜냐하면' 놀이할까?

아이 어떻게 하는 건데?

아빠 말할 때마다 '왜냐하면'이란 단어를 넣어서 말을 만드는 거야. 아빠가 먼저 해볼까?

아이 아니, 내가 먼저 해볼게. 어부는 노인에게 말을 걸다가 깜짝 놀랐어. 왜냐하면 노인의 손에 커다란 진주가 있었거든.

아빠 잘한다! 그럼 아빠 차례지? 노인은 어부한테 진주를 줬어. 왜냐하면 어부가 너무너무 갖고 싶어 했으니까.

아이 어부는 진주를 꼭꼭 숨겼어. 왜냐하면 누가 훔쳐 갈까 불안했기 때문이야.

아빠 어부는 밤새 잠도 못 잤어. 왜냐하면 진주를 어디다 숨겨야 할지 망설이느라고.

아이 그래서 어부는 뒷산 동굴로 갔어. 왜냐하면 거긴 아무도 오지 않을 것 같았으니까.

아빠 동굴 속에서도 어부는 잠도 못 자고 밥도 못 먹었어. 왜냐하면 그 속에서도 여전히 불안했거든.

아이 어부는 냇가에서 물을 마시려다가 깜짝 놀랐어. 왜냐하면 자기 얼굴이 꼭 해골처럼 보였으니까.

아빠 그래서 결국 어부는 진주를 다시 노인한테 돌려줬어. 왜냐하면…….

아이 왜냐하면 진주 때문에 불안해서 견딜 수 없었으니까.

아빠 맞다! 와, 너 정말 잘한다.

아이 아빠, 그런데 궁금한 게 있어.

아빠 뭔데?

아이 진주처럼 비싸고 귀한 물건을 가지고 있으면 다 어부처럼 불안해져? 그럼 부자들은 다 불안해하겠네?

아빠 다 그런 건 아닐 거야. 하지만 가진 게 많을수록 머리가 복잡할 것 같긴 해. 왜냐하면 가진 것들을 잘 지켜야 하니까 말이야.

아이 아빠도 불안해?

아빠 네가 태어난 다음부터 불안한 게 좀 있어.

아이 왜 불안한데?

아빠 비가 오면 네가 비에 젖지 않을까 불안하고, 건널목 건널 때 잘 건너는지 걱정도 되고, 친구들이랑 사이좋게 잘 지내는지도 늘 신경 쓰이고 그래. 왜냐하면 아빠한테 가장 귀한 게 너라서 그래.

아이 아빠, 불안해하지 않아도 돼. 왜냐하면 난 끄떡없으니까.

- 불안한 마음은 왜 생기는 걸까?
- 어부는 진주를 꼭 노인에게 돌려줘야만 했을까? 불안한 마음을 없앨 수 있는 다른 방법은 없었을까?
- 진주보다 귀한 지혜란 무엇일까?

인문학 대화법 Tip

몰입을 위한 '왜냐하면' 게임

부모와 아이가 서로서로 한마디씩 하고 나면 끝에 '왜냐하면'을 붙여봅니다. 자기가 했던 말에 대해 부연 설명을 해보는 거죠.

"노인은 어부에게 진주를 줬어. 왜냐하면 어부가 너무너무 갖고 했으니까."

"어부는 진주를 얻은 뒤부터 잠을 한숨도 못 잤어. 왜냐하면 누가 훔쳐 갈까 불안했기 때문에."

'왜냐하면' 게임은 이야기에 대한 일종의 '사실 확인' 과정이라고 할 수 있습니다. '왜냐하면' 뒤에 따라올 문장을 정확히 완성하기 위해서라도 아이는 책을 다시 펼쳐보게 되겠죠. 이때의 독서는 처음보다 훨씬 몰입도가 높을 수밖에 없습니다. 찾아야 할 문장과 찾는 목적이 명확하기 때문입니다. 나아가 이 과정을 통해 자연스럽게 논리적인 대화의 기초가 조금씩 다져지지 않을까요?

아이의 생각정원 가꾸기

❶ 기대가 너무 커서 불안해져 본 적이 있나요? 언제 그랬는지 적어보세요.

❷ 너무 갖고 싶은 물건을 얻었을 때 그 물건을 어떻게 보관했나요? 그리고 지금도 그 물건이 여전히 소중한가요?

❸ 마음이 불안할 때 여러분은 어떻게 하나요?

행복은 얼마일까?

행복한 사람의 셔츠

옛날 러시아에 한 황제가 살았어. 그런데 언제부터인가 큰 병을 앓기 시작했대. 어떤 병이냐고? 우울증이라지 뭐야.

어릿광대가 황제 앞에서 아무리 익살을 부려도 웃기는커녕 짜증만 낼 뿐이야. 어떤 일에도 재미를 못 느끼고 그저 한숨만 푹푹 내쉬잖아. 나랏 일에도 통 관심이 없어. 우울증에 걸리면 아무것도 하기 싫어지거든.

세상에서 제일 넓고 강한 나라를 다스리는 황제가 우울증이라니 왕자도 신하들도 걱정이 이만저만이 아니야. 이러다간 정말 큰일 나겠다 싶어 용하다는 의사들을 다 불렀지만 아무도 황제의 병을 고치진 못했어.

그러던 어느 날 러시아에서 가장 존경받는 현자가 왕자를 찾아와 이렇게 말했어.

"폐하의 병을 치료할 방법이 딱 하나 있습니다."

"그게 뭡니까? 어서 말씀해주세요."

"이 나라에서 완전한 행복을 누리는 사람을 찾으세요. 그리고 그 사람이 입고 있는 셔츠를 폐하께 입혀드리세요. 그럼 폐하의 병은 곧 나을 겁니다."

왕자는 곧장 신하들을 불러모았어.

"온 나라를 다 뒤져서라도 꼭 찾아야 한다. 완전한 행복을 누리는 사람의 셔츠를 구해오는 자에게 큰 상을 내리겠다!"

신하들은 전국 방방곡곡으로 흩어졌단다. 물론 왕자도 하인들을 데리고 출동했지. 어떡하든 아버지의 병을 고쳐야 하니까 말이야.

왕자는 이 마을 저 마을 돌아다니며 사람들에게 물었어. 완전한 행복을 누리는 사람이 누구냐고 말이야. 그런데 다들 뭐라고 대답했을까?

"그야 당연히 이 나라의 황제죠. 이렇게 큰 나라를 다스리는 황제야말로 완전한 행복을 누리고 계시죠."

완전한 행복을 누린다고 믿는 황제가 우울증에 걸렸다고 말하면 백성들이 뭐라고 할까? 왕자는 한숨밖에 안 나왔어.

그래도 왕자는 포기하지 않고 계속 찾아다녔단다. 하지만 완전한 행복을 누리는 사람은 좀처럼 찾을 수 없었어. 재산이 많은 사람은 건강이 안 좋아서 걱정이고, 건강한 사람은 가족을 먹여 살리느라 고생이란 말이야. 어쩌다 정말 행복해 보이는 사람을 만나긴 했지만, 이야기하다 보면 꼭 한두 가지씩 불만을 품고 있잖아.

"걱정도 불만도 없이 완전한 행복을 누리는 사람을 찾는다는 건 불가능한 일이 아닐까?"

왕자는 점점 힘이 빠졌단다.

그렇게 터덜터덜 어느 집 앞을 지날 때였어. 아주 작고 허름한 집이었는데 갑자기 안에서 한 남자의 웃음소리가 들려왔던 거야.

"하하하, 오늘도 참 행복한 하루였어. 돈은 조금밖에 못 벌었지만, 감자 한 알로도 충분히 행복한 식사였지. 이제 푹신푹신한 지푸라기 침대에 누워 꿀잠을 자야겠군. 내일도 해가 뜨면 새로운 하루가 시작되겠지? 그래, 내일도 오늘처럼 행복하게 사는 거야. 더는 바랄 게 없어."

왕자는 가슴이 쿵쿵 뛰었어. 드디어 완전한 행복을 누리는 사람을 찾았잖아.

"여봐라, 당장 저 사람의 셔츠를 사 오너라. 아주 비싼 값을 치르더라도 꼭 셔츠를 사 와야 한다. 알겠느냐?"

신하들은 곧장 집 안으로 들어갔어. 하지만 다들 깜짝 놀라고 말았단다. 왜냐고? 집 안에 웬 벌거숭이 사내가 앉아있었거든. 완전한 행복을 누리는 사람을 찾긴 찾았는데, 셔츠 한 장 걸칠 형편도 안 될 만큼 가난했던 거야.

• 황제의 병을 치료할 방법은 무엇이었을까?

• 완전한 행복을 누리는 사람은 왜 찾기 어려웠을까?

• 왕자는 결국 실패했을까, 성공했을까?

· 이렇게 대화해보세요 ·

처음엔 부모와 아이가 각자 역할을 맡아 읽고, 다음엔 역할을 바꾸어 아이가 부모의
대사를 읽게 합니다. 상대방 입장에서 묻고 답하는 동안 아이는 자연스럽게 질문하는
재미를 느껴볼 수 있을 것입니다.

아이 우울증은 어떤 병이야? 많이 아파?

엄마 응, 많이 아파. 그런데 몸이 아픈 게 아니라 마음이 아픈 거야.

아이 마음도 피가 나고 붓고 그래?

엄마 그런 건 아니지만, 마음이 아프면 만사가 다 싫어져. 뭘 해도 재미
　　　를 못 느끼고, 아무도 만나기 싫어져.

아이 왜 그런 병에 걸리는 거야?

엄마 아주 큰 슬픔을 겪거나 스트레스가 너무 많이 쌓이면 우울증에 걸
　　　리기 쉬워.

아이 만약에 세상에서 제일 행복한 사람이 입던 셔츠를 입으면 정말 우
　　　울증을 고칠 수 있을까?

엄마 글쎄, 잘 모르겠는걸? 만약에 그런 셔츠가 있어서 정말 우울증을
　　　고칠 수 있다면 아마 굉장히 비싸지 않을까?

아이 그 셔츠는 부자들만 가질 수 있을 거야.

엄마 하지만 그런 셔츠는 없을 거야. 그래서 아무리 부자라도 무조건 행
　　　복한 건 아니겠지. 여기 나오는 황제처럼 말이야.

아이 우울증에 안 걸리려면 어떡해야 해?

엄마 글쎄, 엄마 생각엔 매일매일 작고 사소한 것에서 행복을 찾는 게

중요한 것 같아.

아이 어떻게?

엄마 엄마는 기분이 울적하다가도 네 발가락만 보면 웃음이 나오고 행복해져.

아이 내 발가락이 왜?

엄마 아기 때랑 똑같거든. 콩알만큼 작은 발가락이 꼼지락꼼지락하는 게 너무 재미있어. 넌?

아이 난 엄마 냄새 맡을 때가 제일 좋아.

엄마 엄마 냄새? 어떤 냄새?

아이 그냥 엄마 냄새.

엄마 난 아빠랑 너랑 낮잠 자는 거 볼 때도 행복해. 너무 똑같거든.

아이 난 친구랑 게임할 때도 행복해.

엄마 엄마는 아침에 창문 열었을 때 바람 냄새가 너무 좋아.

아이 난 강아지 쓰다듬을 때 느낌이 참 좋아.

엄마 라디오 켰을 때 좋아하는 음악이 나오면 참 행복해.

아이 학교에서 좋아하는 반찬 나올 때 기분 좋아.

엄마 우린 우울증 같은 거 안 걸릴 거야, 안 그래?

아이 응, 우울증 걸릴 틈이 없어.

엄마 맞아. 하루에도 이렇게 행복한 순간이 많은데 어떻게 우울할 틈이 있겠어?

- 이 세상에 완전한 행복을 누리는 사람이 과연 있을까?
- 벌거숭이 사내는 그렇게 가난한데도 왜 행복하다고 했을까?
- 황제는 그 후로 어떻게 됐을까?

인문학 대화법 Tip

책을 덮고 이야기 나누기

책을 덮고 부모와 자녀가 서로의 얼굴을 마주 보는 순간부터 진짜 대화가 시작되는 시간이 아닐까요?

"엄마는 너 잠든 모습 볼 때가 참 행복해. 넌?"

"난 엄마가 머리 감겨줄 때."

이왕에 이야기에서 '행복'이라는 화두를 만났으니 아이와 함께 '나는 언제 행복할까?'라는 제목으로 끝없는 '행복 순간 찾기'를 해보면 어떨까요? 서로가 가장 즐겁고 행복한 순간을 말하다 보면, 행복이란 것은 누리는 사람이 임자라는 느낌을 받을 수도 있겠죠. 늘 완전한 행복을 누리는 사람은 없어도 행복한 순간, 행복한 추억이 많은 사람은 있을 테니까요.

나아가 행복이란 무언가를 더 많이 가지거나 남보다 더 잘난 상태라기보다 지금 이 자리, 이 순간에 감사하고 기뻐하는 마음이라는 것을 알게 될 수도 있지 않을까요?

아이의 생각정원 가꾸기

❶ 아무것도 하기 싫고, 재미도 느끼지 못할 만큼 우울했던 적이 있나요? 언제 그랬는지 적어보세요.

/

_____

_____

❷ 우리 가족은 행복할 때가 더 많을까요, 그렇지 않을 때가 더 많을까요? 가족과 이야기를 나눠보세요.

/

_____

_____

❸ '나는 언제 행복할까?'라는 제목으로 글을 적어보세요. 무엇이 나를 행복하게 하는지, 어떨 때 내가 행복을 느끼는지 적어보세요.

/

_____

_____

늑대와 개

어느 숲속에 비쩍 마른 늑대 한 마리가 살았어. 며칠을 굶었는지 뼈가 앙상하게 드러났지 뭐야. 제아무리 사나운 늑대라도 사냥감이 없으면 굶을 수밖에 없나 봐. 배에서 계속 꼬르륵꼬르륵 소리가 나.

"아, 배고파. 배고파 죽겠네."

그러다가 하루는 아주 커다란 개하고 딱 마주쳤어. 늑대는 개를 보자마자 기가 팍 죽었단다. 개가 덩치도 크고 힘도 세 보인단 말이야. 게다가 털에 윤기가 반지르르 흐르고 아주 잘생겼거든.

"이야, 너 정말 멋지구나. 어쩜 그렇게 살이 토실토실하니? 넌 아무 걱정도 없어 보이는구나. 참 부럽다."

늑대는 정말 개가 부러웠던 거야. 그때 개가 말했어.

"늑대야, 너도 얼마든지 나처럼 행복하게 살 수 있어."

"정말? 어떻게 하면 너처럼 될 수 있지?"

"간단해. 우선 이 숲을 떠나야겠지. 나랑 같이 가면 주인님을 만날 수 있을 거야."

"주인님을 만나면 어떻게 해야 하니?"

"뭐 그것도 간단해. 귀여운 표정을 지으면서 꼬리를 살랑살랑 흔들어 보이면 돼. 그리고 수상한 사람이나 거지들이 다가오면 으르렁거려서 멀리 쫓아내고 말이야. 그럼 주인님이 푸짐하게 먹이를 줄 거야."

"먹이를 준다고?"

늑대는 너무 기뻐서 껑충껑충 뛰었어.

"좋아, 좋아! 너를 따라갈게. 당장 이 숲을 떠나겠어!"

늑대는 그길로 곧장 개를 따라 마을로 향했단다.

그렇게 열심히 개를 따라가고 있는데 문득 이상한 게 눈에 띄는 거야. 개의 목에 듬성듬성 털이 빠져 있잖아. 털이 빠진 부분은 벌겋게 상처 자국까지 보인단 말이야.

"개야, 너 목이 왜 그러니?"

늑대가 물었어.

"아, 이거? 신경 쓰지 마. 아무것도 아니야. 그냥 목줄 때문에 그래."

"목줄이라니? 그게 뭔데?"

"뭐긴 뭐야. 주인님이 나를 묶어두려면 당연히 목줄이 필요하잖아."

늑대는 그 말을 듣자마자 펄쩍 뛰었어.

"묶어둔다고? 그럼 마을에서는 마음대로 돌아다닐 수도 없는 거야?"

"당연하지. 하지만 그런 건 아무래도 상관없잖아, 그렇지?"

늑대는 걸음을 뚝 멈췄어.

"상관없긴 뭐가 없니? 마음대로 뛰어다닐 수도 없는데, 그게 좋아? 난 그렇게는 못 살아. 아무리 꼬박꼬박 먹이를 준다고 해도 난 싫어. 토실토실 살이 찌고 털에 윤기가 흘러도 그게 다 무슨 소용이야? 난 목줄에 묶인 채로 살기보다는 쫄쫄 굶더라도 자유롭게 살고 싶어."

늑대는 말이 끝나자마자 다시 숲을 향해 냅다 뛰기 시작했단다. 뒤에서 개가 컹컹 짖어댔지만, 늑대는 한 번도 뒤를 돌아보지 않았어. 늑대는 지금도 여전히 숲속 어딘가를 어슬렁거리고 있을 거야.

생각씨앗 찾기

- 늑대는 처음에 왜 개를 따라 마을로 내려가려고 했을까?
- 늑대는 왜 다시 숲으로 돌아갔을까?
- 늑대가 개의 목에 난 상처를 못 봤더라면 어떻게 됐을까?

처음엔 부모와 아이가 각자 역할을 맡아 읽고, 다음엔 역할을 바꾸어 아이가 부모의 대사를 읽게 합니다. 상대방 입장에서 묻고 답하는 동안 아이는 자연스럽게 질문하는 재미를 느껴볼 수 있을 것입니다.

엄마 참 궁금해.

아이 뭐가?

엄마 늑대는 그 뒤로 어떻게 됐을까?

아이 배가 고파서 계속 돌아다녔을 것 같아.

엄마 혹시 늑대가 후회하진 않았을까? 그냥 개랑 마을에서 편하게 살걸, 하면서 말이야.

아이 안 그랬을 것 같아.

엄마 정말?

아이 응, 암만 배가 고파도 개처럼 목줄에 묶여서 사는 건 싫다고 했잖아. 늑대는 마음대로 돌아다니고 싶어 했어.

엄마 하지만 이제 곧 겨울이 되고, 먹잇감을 구하지 못해서 매일매일 굶을 텐데?

아이 그래도 목줄에 묶인 채로 살고 싶진 않았을 것 같아.

엄마 네 생각은 그렇구나. 사실은 엄마도 같은 생각이야. 늑대가 목줄에 묶여서 개처럼 멍멍 짖어대면서 살 것 같진 않거든. 그렇게 되면 더 이상 늑대가 아닐 테니까.

아이 늑대가 개보다 좀 더 멋있는 것 같아.

엄마 왜?

아이 늑대는 자기 스스로 주인처럼 살잖아.

엄마 와, 참 멋진 생각이다! 스스로 주인처럼 산다는 건 정말 멋진 것 같아.

아이 하지만 굶진 않았으면 좋겠어. 굶어 죽으면 다 소용없잖아.

엄마 늑대가 굶어 죽지 않으려면 어떻게 해야 할까?

아이 사냥을 더 잘해야 해. 더 빨리 뛰고, 냄새도 잘 맡고, 힘도 더 세져 야 해.

엄마 그러니까 네 말은, 자유롭게 주인처럼 살려면 더 강해져야 한다는 뜻이구나?

아이 응.

엄마 그럼 이 이야기에 나오는 늑대도 점점 더 강해져서 사냥도 잘하고 굶어 죽지도 않았겠네?

아이 응, 잘 살았을 거야.

엄마 짝을 만나서 새끼도 낳고, 나중엔 늑대 무리도 잘 이끌면서?

아이 응, 늑대 왕이 됐을 거야.

엄마 그래서 보름달이 뜨면 높은 산꼭대기에 올라가서 길게 울부짖기도 했겠지? 아주 멋지게?

아이 응, 그래야 진짜 늑대잖아.

엄마 그래, 그래야 진짜 늑대지. 정말 멋진 말이야.

- 늘 배가 고프지만 자유로운 늑대와 목줄에 묶여 있지만 굶지 않는 개 중에 서 누가 더 나을까?
- 혹시 개는 늑대가 부럽지 않았을까?
- 자유롭게 살려면 어떻게 해야 할까?

인문학 대화법 Tip

'그 뒤로 어떻게 됐을까?' 이야기 이어가기

"신데렐라는 그 뒤로 어떻게 살았을까?" 이런 식으로 이야기를 다시 이어 가는 것은 상상력과 창의력을 키우기 위한 오래된 방법이죠. 하지만 모든 아이가 이런 방법을 좋아하는 건 아닙니다. 아이마다 선호하는 이야기가 다르기 때문입니다.

여러 이야기 중에서도 아이가 유독 관심을 보이는 이야기가 있고, 애착을 느끼는 주인공이 있습니다. 그런 이야기를 만날 때 아이들은 자연스럽게 '그 뒤로 어떻게 됐을까?' 하고 궁금해하겠죠.

바로 이 시점에서 "정말 궁금하구나. 늑대는 그 뒤로 어떻게 살았을까?" 하고 넌지시 이야기를 이어가 보세요. 단, 아이 스스로 이야기를 꾸며가도록 적절한 반응만 해줘야 합니다. 부모의 상상력이 필요한 시간이 아니니까요. 아이가 새로운 사건을 만들 때마다 "정말? 그래서?" 하며 관심을 보이는 것만으로도 충분합니다.

아이의 생각정원 가꾸기

❶ 뭐든지 마음대로 할 수 있다면 제일 먼저 무엇을 하고 싶나요? 한 가지만 적어보세요.

❷ 집에서 주인과 함께 사는 강아지와 주인 없이 혼자 돌아다니는 강아지 중에서 누가 더 자유로워 보이나요? 왜 그런가요?

❸ 하고 싶은데 마음대로 할 수 없어서 화가 난 적이 있나요? 언제 그랬는지 세 가지만 적어보세요.

"진짜 용기란 무엇일까?"

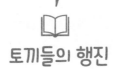

토끼들의 행진

어느 날 숲속에 살던 토끼들이 한자리에 다 모였어.

토끼들은 원래 겁이 많아서 늘 숨어 살잖아.

그런데 왜 이렇게 다 모였을까?

쉿, 토끼들이 무슨 이야기를 하는지 들어봐야겠어.

"여러분, 우린 왜 토끼로 태어났을까요? 난 이렇게 약한 토끼로 태어난 게 너무 억울하고 분해요."

"맞아요. 독수리며 늑대며 다들 우릴 잡아먹으려고 해요."

"여우는 어떻고요? 뱀은 또 어떻고요? 나는 사나운 짐승들이 너무 무서워서 잠도 못 자요. 정말이지 우리보다 약하고 불쌍한 동물이 또 있을까요?"

여기저기서 한숨이 터져 나오고, 훌쩍훌쩍 우는 소리도 들려.

그때 맨 앞에 있던 토끼가 벌떡 일어서서 이러는 거야.

"여러분, 이렇게는 도저히 못살겠어요. 이렇게 매일매일 겁에 질려 사느니 차라리 지금 당장 물에 빠져버리는 게 나아요."

그러자 여기저기서 토끼들이 막 들고 일어나는 거야.

"하루하루 불안에 떨면서 살긴 싫어요!"

"맞아요, 이렇게 살 바엔 차라리 저 호수에 뛰어드는 게 더 나아요!"

"그래요, 우리 다 함께 호숫가로 달려갑시다!"

이렇게 해서 토끼들의 행진이 시작됐어.

숲에서 호수까지 토끼들이 깡충깡충 막 뛰어가는 거야. 굴속에서 잠자던 토끼, 풀잎을 뜯어 먹던 토끼들도 덩달아 호숫가로 뛰어갔어. 정말 호수에 퐁당퐁당 뛰어들 생각인가 봐.

"가자, 가자! 호수에 뛰어들자!"

토끼들은 마구 함성을 지르며 달려갔단다.

드디어 토끼들이 호숫가에 도착했어.

어, 그런데 토끼들보다 먼저 물에 뛰어드는 녀석들이 있네?

호숫가에 살던 개구리들이 깜짝 놀라 물에 퐁당퐁당 뛰어든 거야.

갑자기 토끼들이 우르르 몰려드니까 얼마나 놀랐겠어?

폴짝폴짝, 퐁당퐁당!

개구리들은 호수에 뛰어들더니 열심히 헤엄쳐서 맞은편 호숫가로 달아났어. 그리고는 저마다 풀숲에 숨어서 개골개골 노래를 부르잖아.

맨 앞에 있던 토끼가 다른 토끼들에게 말했어.

"여러분, 저 개구리들 좀 보세요. 세상에, 우릴 무서워하는 동물도 다 있네요!"

그러자 토끼들이 또 한마디씩 하기 시작했단다.

"개구리들이 노래를 부르고 있어요. 그렇게 놀라고도 노래를 하다니 정말 대단해요."

"우리보다 작고 약한 개구리들도 저렇게 잘 사는데 우리라고 왜 못 살겠어요?"

"맞아요! 아무래도 호수에 뛰어드는 건 좀 아닌 것 같아요. 여러분, 우리도 저 개구리들처럼 다시 힘을 내보는 건 어떨까요?"

여기저기서 "그래요, 힘을 내요!" 하는 소리가 울려 퍼졌어.

토끼들은 개골개골 개구리 소리를 들으며 발길을 되돌렸단다.

생각씨앗 찾기

- 토끼들이 호숫가에서 개구리를 못 봤다면 어떻게 됐을까?
- 토끼들은 왜 호수에 뛰어들지 않았을까?
- 그 뒤로 토끼들은 어떻게 살았을까?

• 이렇게 대화해보세요 •

처음엔 부모와 아이가 각자 역할을 맡아 읽고, 다음엔 역할을 바꾸어 아이가 부모의 대사를 읽게 합니다. 상대방 입장에서 묻고 답하는 동안 아이는 자연스럽게 질문하는 재미를 느껴볼 수 있을 것입니다.

아빠 토끼들은 왜 호수에 뛰어들려고 했을까?

아이 매일매일 떨면서 사는 게 싫어서 그랬잖아.

아빠 그렇다고 호수에 뛰어들어? 꼭 그래야만 하는 건 아니잖아.

아이 아빠가 토끼라면 어떻게 할 것 같아?

아빠 내가 지금 너한테 그걸 물어보려고 했어. 네가 먼저 얘기해보지 않을래? 아빠는 아직 잘 모르겠거든.

아이 음, 내가 토끼였다면 다른 토끼들이 호수에 뛰어들자고 할 때 반대했을 것 같아.

아빠 다른 토끼들이 전부 호수에 뛰어들자고 하는데도?

아이 토끼들이 그렇게 많은데 반대하는 토끼가 한 마리도 없으면 이상하잖아. 난 호수에 뛰어들기 싫어. 그 대신 굴을 더 깊게 팔 거야. 나뭇가지나 풀로 구멍을 잘 덮어서 꼭꼭 숨을 거야.

아빠 너 혼자 다른 생각을 하면 따돌림을 당할지도 모르는데?

아이 나랑 생각이 같은 토끼들도 있지 않을까?

아빠 너랑 생각이 같은 토끼들이 얼마나 있는지 어떻게 알 수 있지?

아이 토끼들이 모여서 이야기할 때 나도 일어나서 내 생각을 얘기할 거야. 호수에 뛰어들고 싶지 않다고. 그러니까 나랑 생각이 같은 토끼들은 손을 들어보라고 말할 거야.

아빠 너 이제 보니까 굉장히 용감하구나.

아이 용감한 게 아니라 그냥 내 생각을 얘기하는 것뿐인데?

아빠 네 생각을 얘기하는 게 바로 용감한 거야. 솔직히 아빠는 너만큼 용감하진 않아. 여럿이 모인 자리에서 혼자 반대하거나 다른 생각을 얘기하는 게 그렇게 쉽진 않거든. 아마 다른 토끼들도 그랬을 거야.

아이 토끼들이 조금만 더 용기를 냈다면 호수에 뛰어들려고 하지 않았을 것 같아.

아빠 듣고 보니 그렇구나. 토끼들은 독수리나 늑대도 두려워하지만, 같은 토끼들 사이에서 자기 생각을 당당하게 얘기하는 것마저 두려워한 것 같아.

아이 응, 토끼들은 용기를 좀 더 내야 해.

아빠 그래, 맞아. 토끼들이 다행히 숲으로 돌아가긴 했어도 아직은 용기가 더 필요하겠구나. 너처럼.

아이 아빠는 내가 정말 용감한 것 같아?

아빠 물론이지. 넌 아주 당차고 용감한 아이야.

- 토끼들은 모두 같은 생각이었을까? 호수에 뛰어들고 싶지 않은 토끼는 한 마리도 없었을까?
- 개구리들은 토끼들을 보며 무슨 생각을 했을까?
- 내가 토끼였다면 어떻게 행동했을까?

인문학 대화법 Tip

'왜?'라고 물었으면 '어떻게?'도 물어보기

이야기를 읽고 아이들과 대화를 나누다 보면 '왜?'라는 질문을 많이 하게 됩니다. 그럼 그 질문에 대한 다양한 대답이나 결론이 나옵니다. 그런데 여기서 한 걸음 더 나아가 '어떻게?'라는 질문으로 확장해보면 어떨까요? "토끼들은 왜 물에 뛰어들려고 했을까?"라는 질문이 있었다면, 다음엔 "토끼들이 잘 살려면 어떻게 해야 할까?"라는 질문도 떠올려봅니다. 한 가지 의문에 대한 해답에서 더 나아가 자기 나름대로 대안까지 생각해보는 시간을 가져보는 겁니다. '왜?'로 시작된 사고력은 '어떻게?'라는 질문을 통해 창의력으로 발전합니다.

아이의 생각정원 가꾸기

❶ 때로 마음이 약해질 때가 있었나요? 주로 언제 그랬는지 기억해보세요.

_____

_____

❷ "난 자신 있어!"라고 외쳐본 적이 있나요? 언제 그랬는지 생각나는 대로 적어보세요.

_____

_____

❸ 좀 더 강해지고 싶은가요? 어떻게 하면 몸도 마음도 강해질 수 있을까요?

_____

_____

" 겉만 보고
판단해도 될까? "

교수와 정장

평생 학생들만 가르치다가 은퇴한 교수가 있었어. 교수는 은퇴한 뒤에도 연구를 게을리하지 않고 꾸준히 책을 쓰며 살고 있었단다.

교수는 학문을 연구하는 일 이외에는 별로 관심이 없나 봐. 다른 학자들은 귀족이나 유명 인사들을 자주 만나곤 했지만, 이 교수는 그저 책을 읽고 혼자 산책을 하거나 글을 쓰며 지낼 뿐이야.

그러던 어느 날 교수에게 초청장이 날아왔어. 어느 귀족의 저택에서 아주 큰 파티가 열리는데 그 자리에 교수를 초대한다는 거야.

갈까, 말까? 교수는 잠시 망설였어. 그렇게 시끌벅적한 파티는 딱 질색이었거든. 파티에 가서 사람들과 잡담을 나누기보다는 그냥 집에서 책을 보는 게 훨씬 나을 것 같단 말이야. 하지만 모처럼 초대를 받았는데 거절하기도 그렇잖아. 교수는 예의에 어긋나는 일을 하고 싶진 않았어.

교수는 결국 집을 나섰어. 가는 동안 산책도 즐길 겸 천천히 걸어가기로 했단다. 그런데 막상 저택에 도착했더니 하인들이 막아서는 거야.

"파티에 초대된 분만 입장하실 수 있습니다."

"나는 초대를 받았소."

하지만 하인들은 교수의 말을 믿지 않는 눈치야. 아무래도 옷차림 때문인 것 같아. 다른 사람들은 하나같이 멋진 정장에 화려한 드레스 차림인데, 교수 혼자 허름한 평상복을 입고 있잖아. 교수가 어쩔 수 없이 초청장을 보여줬더니 그제야 하인들은 문을 열어줬어.

멋진 조명에 푸짐한 요리가 차려져 있고, 악사들은 아름다운 연주로 한참 흥을 돋우고 있어. 모두가 서로 아는 체하며 이야기를 나누고 샴페인을 마셨지. 하지만 교수는 혼자야. 아무도 교수에게 다가오는 사람이 없었거든. 아는 척은커녕 음식을 권하는 사람도 없어.

교수는 조용히 일어나 저택 밖으로 나왔어. 그리고는 곧장 집으로 가서 옷을 갈아입었단다. 예전에 한두 번 입어봤던 정장을 아주 오랜만에 꺼내 입은 거야. 그런 다음 교수는 일부러 마차를 타고 다시 저택으로 향했어.

저택 앞에 도착하자마자 하인들이 후다닥 뛰어오더니 마차 문을 열어주지 않겠어? 그리고는 교수를 저택 현관까지 정성껏 안내하는 거야.

저택 안에 들어가서도 마찬가지야. 왁자지껄 떠들던 사람들이 한꺼번에 교수 주변으로 모여들더니 앞다투어 인사를 해오잖아.

"교수님, 왜 이제야 오세요? 기다렸잖아요."

그러면서 서로서로 교수를 자기 테이블로 데려가려고 안달이야.

교수가 테이블에 앉자마자 하인들이 진수성찬을 내왔어. 평생 한 번도 먹어보지 못한 귀한 요리들이 테이블 위에 잔뜩 차려졌단다.

"교수님, 식기 전에 어서 드시죠."

교수는 갑자기 입고 있던 정장 윗도리를 벗었어. 그리고는 자기 옆자리에 윗도리를 척 걸치더니 말을 건네는 거야.

"이 음식들은 모두 자네를 위한 걸세."

사람들은 교수가 왜 저러나 싶었지. 정장 윗도리가 사람이라도 되는 양 옆자리에 앉히고 말을 건네기까지 하잖아. 하지만 교수는 사람들 시선 따위에는 아랑곳하지 않고 계속 윗도리에 대고 말했어.

"자, 어서 이 음식을 먹어보게나. 이 음식은 내가 아니라 오로지 자네

생각씨앗 찾기

를 보고 내온 음식이라네. 그러니 사양 말고 마음껏 드시게."

- 처음에 저택의 하인들은 왜 교수를 막아섰을까?
- 파티에 온 사람들은 왜 교수를 무시했을까?
- 교수는 왜 옷에다 말을 걸고 음식을 권했을까?

· 이렇게 대화해보세요 ·

처음엔 부모와 아이가 각자 역할을 맡아 읽고, 다음엔 역할을 바꾸어 아이가 부모의 대사를 읽게 합니다. 상대방 입장에서 묻고 답하는 동안 아이는 자연스럽게 질문하는 재미를 느껴볼 수 있을 것입니다.

아이 옷을 잘 입는 게 그렇게 중요해?

아빠 중요하지. 예를 들어볼까? 만약에 친구 생일파티 때 다들 예쁜 옷을 입고 왔는데 너만 옷이 후줄근하면 기분이 어떨까?

아이 창피할 것 같아. 친구들도 놀릴 것 같고.

아빠 맞아. 아빠가 회사 갈 때도 마찬가지야. 다들 넥타이에 정장을 입었는데 아빠 혼자 청바지, 티셔츠 차림이면 왠지 예절에 어긋나는 것 같지 않을까?

아이 그럼 이 이야기에 나오는 주인공도 예절을 어긴 거네?

아빠 옷차림만 보고 교수를 따돌린 사람들도 문제지만, 그런 장소에 아무렇게나 입고 간 것도 문제긴 문제인 것 같아.

아이 난 파티에 온 사람들도 별로야. 허름한 옷을 입었을 땐 쳐다보지도 않다가 멋지게 차려입고 가니까 우르르 몰려오잖아. 좀 웃겨.

아빠 겉모습 말고 그 사람의 참모습을 알아보기란 쉬운 일이 아닌 것 같아. 사람들한테는 선입견이란 게 있거든.

아이 선입견이 뭐야?

아빠 선입견이란 건, 쉽게 말해서 '대충 그러려니' 하고 생각하는 거야. 제대로 알아보지도 않고 그냥 자기 생각대로만 믿어버리거든. 예를 들어 늑대에 대해서 넌 어떻게 생각하니?

아이 무서워. 사람을 막 공격하잖아.

아빠 거봐. 그것도 선입견 아닐까? 동화책이나 영화에서 늑대가 늘 나쁜 역할을 맡았기 때문에 그런 선입견이 생긴 거야. 사실 늑대가 사람을 공격하는 일은 거의 없대. 오히려 늑대는 사람처럼 굉장히 가정적인 동물이라는 거야. 사나운 동물이라는 선입견 때문에 늑대는 참 억울하지 않을까?

아이 정말 억울할 것 같아. 그런데 선입견은 왜 생기는 거야?

아빠 자기가 알고 있는 게 늘 옳다고 믿어서 그런 건 아닐까? 하지만 내가 잘못 알고 있을 수도 있고, 또 예전엔 그게 맞았지만 지금은 틀릴 수도 있거든.

아이 예를 들면 '옷을 허름하게 입었으니까 별 볼 일 없는 사람일 거야.' 이렇게 생각하는 것처럼?

아빠 맞아. 그런 선입견 때문에 그 사람의 참모습을 못 보는 거야. 네가 예를 들어주니까 정말 이해하기 쉽구나.

- 교수는 왜 처음부터 정장을 입고 가지 않았을까?
- 파티에 참석할 때 옷을 잘 차려입는 까닭은 무엇일까?
- 선입견이란 무슨 뜻일까?

인문학 대화법 Tip

예를 들어가며 대화하기

대화를 잘하는 사람들은 이야기 주제에 따라 적절한 예를 잘 활용합니다. 상황에 딱 맞는 예를 잘 활용하면 상대방이 훨씬 더 잘 이해하고 또 그만큼 소통도 원활해지죠.

이 이야기에서처럼 사람의 겉모습만 보고 판단하는 경우를 놓고 대화를 나눌 때, 이 책에 실린 다른 이야기들을 예로 들어볼 수도 있습니다. 가령 <진정한 재산>에서 부자들이 처음에 학자를 어떻게 대했는지, <진주를 삼킨 거위>에서 집주인이 나그네를 어떻게 취급했는지 등등 비슷한 사례를 가져오면 이야깃거리가 더 풍부해지겠죠.

아이와 대화할 때 예를 드는 습관을 만들어보세요. 또 아이가 자기 의견을 이야기할 때 "예를 들어줄래? 그럼 훨씬 더 잘 알아들을 것 같아."라고 권해보세요.

아이의 생각정원 가꾸기

❶ 혹시 누군가가 나를 잘 알지도 못하면서 나에 대해 함부로 말한 적이 있나요? 그럴 땐 기분이 어떨 것 같나요?

❷ 누군가를 겉모습만 보고 무시한 적이 있나요?

❸ 처음에는 별로였다가 점점 알아갈수록 좋아지는 친구가 있나요?

"마음으로부터
도망칠 수 있을까?"

그림자가 싫어

옛날에 어떤 젊은 남자가 하나 있었는데 좀 이상해. 뭐가 이상하냐고? 이 사람은 자기 그림자를 너무 싫어해. 어딜 가든 졸졸 따라다니는 그림자가 너무 싫고 무섭다는 거야.

그런데 이 남자가 싫어하는 게 또 있어. 바로 자기 발걸음 소리야. 그림자처럼 발걸음 소리도 저벅저벅, 저벅저벅 자꾸 자기를 따라다니잖아.

"아, 이렇게 평생 그림자와 함께 다녀야 하나? 평생 이렇게 발걸음 소리를 들으며 살아야 하나? 이렇게 살 순 없어!"

어느 날 남자는 큰 결심을 했어.

"그래, 도망치자. 그림자도 발걸음 소리도 쫓아오지 못하게 멀리멀리 도망치는 거야."

그때부터 남자는 달리기 시작했어.

처음에는 약간 천천히 뛰었지. 그림자가 어떻게 하는지 보고 싶었거든. 그런데 그림자도 남자처럼 천천히 따라오는 거야. 물론 발걸음 소리도 마찬가지야.

"녀석들, 아직은 용케 따라오는구나. 그럼 슬슬 속도를 내볼까?"

이제 몸도 좀 풀렸겠다, 남자는 속도를 높이기 시작했어.

남자는 어느새 마을을 벗어나 산길로 접어들었단다. 가파른 언덕길이라 헉헉, 숨이 차기 시작했지. 이마에서 땀이 줄줄 흐르고 벌써 다리가 후들거린단 말이야.

"내가 이렇게 힘든데 그림자와 발걸음 소리는 어떨까? 녀석들도 지금쯤 몹시 힘들겠지?"

하지만 그림자와 발걸음소리가 힘들어할 리가 없잖아. 남자는 이를 악물었어.

"안 되겠다. 이 정도 속도론 어림도 없을 것 같아. 좀 더 빨리, 있는 힘껏 달려야겠어."

마침 내리막길이 나와서 남자는 바람을 씽씽 가르며 달렸어. 자기가 생각해도 굉장히 빠른 것 같단 말이야.

어느새 남자는 산을 넘고 이제 끝없이 펼쳐진 들판을 달리기 시작했어. 남자는 쉬지 않고 달렸단다. 헉헉, 헉헉! 숨이 차서 죽을 지경이야.

"아, 이제 더는 못 뛰겠어. 이보다 더 빨리 뛸 순 없을 거야."

하지만 남자는 멈출 수가 없었어. 왜냐하면 발걸음 소리가 계속 따라왔거든. 그림자도 마찬가지야. 아무리 빨리 달려도 녀석들은 남자를 졸

졸 따라왔어.

"그만! 그만 따라오란 말이야!"

남자는 커다란 나무 앞에서 크게 소리치며 풀썩 쓰러지고 말았어. 숨쉬기가 너무 힘들고 온 몸에 힘이 다 빠져버려서 이제 손가락 하나 까딱할 수가 없게 된 거야.

그때 태양이 서서히 기울더니 나무 아래로 그늘이 지기 시작했어. 남자는 간신히 몸을 일으켜 사방을 둘러봤단다. 그리고는 깜짝 놀라고 말았어. 그림자가 보이지 않고 발걸음 소리도 들리지 않았거든.

남자는 그제야 고개를 끄덕이며 웃었어.

"아, 구태여 달릴 필요가 없었구나. 그늘 속에만 들어와도 그림자가 획 사라지는데……. 달리지 않고 가만히 앉아있기만 해도 발걸음 소리가 안 들리는데 말이야."

생각씨앗 찾기

• 남자는 왜 그림자를 싫어했을까?
• 그림자와 발걸음 소리는 어떻게 사라졌을까?
• 그림자와 발걸음 소리는 영원히 사라진 걸까?

처음엔 부모와 아이가 각자 역할을 맡고 읽고, 다음엔 역할을 바꾸어 아이가 부모의 대사를 읽게 합니다. 상대방 입장에서 묻고 답하는 동안 아이는 자연스럽게 질문하는 재미를 느껴볼 수 있을 것입니다.

엄마 너 피터팬이 누군지 아니?

아이 알아. 팅커벨 친구 피터팬. 하늘을 날아다니잖아.

엄마 맞아. 그런데 피터팬은 자기 그림자를 찾으러 웬디네 집으로 갔었잖아. 그림자가 자꾸 도망쳤거든.

아이 그럼 이 이야기랑 완전 반대네? 여기서는 주인공이 자꾸 도망치려고 하잖아.

엄마 그러게, 참 웃기지? 그림자가 꼭 살아있는 친구처럼 느껴져.

아이 그림자랑 친구가 되면 참 좋을 것 같아.

엄마 왜?

아이 절대로 헤어지지 않을 테니까.

엄마 하지만 가끔 미울 때도 있지 않을까? 친구랑도 싸우고 토라질 때가 있으니까 말이야.

아이 그럴 땐 그늘 밑에 들어가면 돼. 그림자가 사라지니까.

엄마 아, 맞다. 그런데 너랑 얘기하다 보니까 그림자가 꼭 우리 마음처럼 느껴져.

아이 마음?

엄마 응, 마음. 마음도 그림자처럼 평생 우릴 따라다니잖아. 그리고 마음

도 나한테서 도망칠 때가 있고, 또 내가 마음으로부터 도망치고 싶
을 때도 있거든.

아이 무슨 뜻이야?

엄마 엄마는 슬프거나 우울하거나 걱정이 많을 땐 가끔 도망치고 싶어.
마음이 너무 무겁고 아플 때는 견디기 힘드니까.

아이 그늘 밑에 들어가면 안 돼?

엄마 마음도 그림자처럼 사라질까?

아이 잘 모르겠어. 그런데 마음도 그림자처럼 평생 친구잖아. 친구니까
영영 헤어질 순 없어.

엄마 네 말이 정말 맞는 것 같아. 마음도 친구니까 마음이 힘들 땐 친구
하고 얘기하듯이 차분하게 얘길 나누면 어떨까?

아이 마음이랑 얘기를 나눈다고?

엄마 응, 도망치려 하지 말고 오히려 마음이랑 마주 보고 이야기를 나누
는 거야. 마음아, 나 지금 힘드니까 조금만 도와줘. 이렇게 말이야.

아이 엄마랑 나랑 얘기하는 것처럼?

엄마 응, 너랑 이렇게 얘기하는 것처럼.

아이 재미있을 것 같아.

엄마 우리 눈 감고 딱 5분 동안 자기 마음이랑 얘기를 나눠볼까? 입 밖
으로 소리를 낼 필요는 없을 거야. 마음은 생각만으로도 다 알아들
을 테니까.

아이 좋아, 좋아!

엄마 자, 하나, 둘, 셋, 시~작!

- 그림자는 왜 생길까?
- 그림자와 발걸음 소리를 사라지게 하는 또 다른 방법은 뭘까?
- 이 이야기에서 그림자와 발걸음 소리는 무엇을 뜻하는 걸까?

인문학 대화법 Tip

마음의 모양을 관찰하는 대화

아이가 침울해 있거나 화가 나 있는 상태라면 대화하기 힘들죠. 그땐 그냥 잠시 혼자만의 시간을 줘보세요. 시간이 조금 흐른 뒤에 마주 앉은 다음, 두 손으로 아이의 가슴에서 '마음'을 꺼내는 시늉을 해봅니다.

"자, 이제 이 마음이란 녀석이 어떻게 생겼는지 관찰해볼까?"

이렇게 아이의 마음을 객관화시켜서 한 마디씩 주고받는 시간을 가져보세요.

"참 밉게 생겼네? 왜 이렇게 미워졌을까?"

"화가 나니까 마음이 빨갛게 변한 것 같지? 네가 보기엔 어때?"

그림자로부터 달아날 수 없듯이 마음에 사로잡히면 좀처럼 헤어나기 어렵 죠. 이럴 땐 벗어나려고 몸부림치기보다는 그늘 밑에 앉아 쉬듯이 아무것 도 하지 않는 편이 낫지 않을까요? 가만히 앉아서 자기 마음을 꺼내 보는 연습을 함께 해보세요.

아이의 생각정원 가꾸기

❶ 생각하고 싶지 않은데 자꾸 생각난 적이 있나요? 어떤 생각들인지 한 번 적어보세요.

❷ 아무 생각도 하지 않고 그냥 멍하니 앉아 있어 본 적이 있나요?

❸ 종이와 연필을 앞에 놓고, 딱 5분 동안 생각나는 것들을 모두 적어보세요.

참고 문헌

1장 지적 호기심이 있는 아이는
공부가 재미있다

진정한 재산_ 탈무드

늙은 사자의 동굴_ 이솝 우화

동굴 안에 무엇이 있을까?_ 유럽 민담

잡힐 듯 말 듯 진주목걸이_ 미상

황금알을 낳는 암탉_ 라 퐁텐 우화

귀신이 사는 숲_ 티베트 전설

신선이 되고 싶었던 나무꾼_ 미상

아주머니의 행복한 상상_ 라 퐁텐 우화

이카로스의 날개_ 그리스 신화

2장 감정을 조절하는 아이는
스스로 문제를 해결한다

하마의 구슬_ 아프리카 동화

진주를 삼킨 거위_ 한국 전래 동화

삼 형제의 보물_ 탈무드

순례자와 고양이_ 이슬람 설화

봉황보다 귀한 마음_ 중국 설화

떠돌이 악사의 연주_ 유럽 민담

나무 심는 노인_ 탈무드

농부가 차지한 땅_ 러시아 민담

좋은 일과 나쁜 일_ 탈무드

3장 사회성이 있는 아이는
세상과 잘 어울린다

전갈과 개구리_ 미상

나귀와 아버지와 아들_ 이솝 우화

보이지 않는 옷_ 안데르센 동화

진가의 잔치_ 중국 우화

맛있는 돌멩이 수프_ 터키 민담

여우와 황새_ 이솝 우화

한겨울 고슴도치 형제_ 쇼펜하우어 《여록과 보유(Parerga und Paralipomena)》

페인트공의 선행_ 탈무드

개미는 허리가 왜 가늘어졌을까?_ 아프리카 민담

4장 자존감이 높은 아이는
내면이 단단하다

산봉우리로 올라간 소년들_ 인디언 설화

벌거숭이 왕_ 탈무드

누가 방울을 달지?_ 이솝 우화

진주보다 귀한 것_ 인도 설화

행복한 사람의 셔츠_ 유럽 민담

늑대와 개_ 라 퐁텐 우화

토끼들의 행진_ 터키 민담

교수와 정장_ 미상

그림자가 싫어_ 장자 〈어부〉 편

아이의 생각을 열어 주는 초등 인문학

1판 1쇄 발행 2021년 2월 2일
1판 3쇄 발행 2022년 1월 28일

지은이 정홍
발행인 오영진 김진갑
발행처 (주)심야책방

책임편집 박수진
기획편집 진송이 박민희 박은화
디자인팀 안윤민 김현주
마케팅 박시현 박준서 김예은 조성은
경영지원 이혜선 임지우

출판등록 2006년 1월 11일 제313-2006-15호
주소 서울시 마포구 월드컵북로5가길 12 서교빌딩 2층
원고 투고 및 독자 문의 midnightbookstore@naver.com
전화 02-332-3310 팩스 02-332-7741
블로그 blog.naver.com/midnightbookstore
페이스북 www.facebook.com/tornadobook

ISBN 979-11-5873-193-9 13590

이 도서의 국립중앙도서관 출판예정도서목록(CIP)은 서지정보유통지원시스템 홈페이지(http://seoji. nl.go.kr)와 국가자료공동목록시스템(http://www.nl.go.kr/kolisnet)에서 이용하실 수 있습니다. (CIP제어번호: CIP2020053208)